大脑的意识
机器的意识

脑神经科学的挑战

〔日〕渡边正峰　著
〔日〕岸本鹏子　安婷婷　胡实　译
李同归　审校

北京大学出版社
PEKING UNIVERSITY PRESS

著作权合同登记号　图字：01-2018-8051

图书在版编目（CIP）数据

大脑的意识，机器的意识：脑神经科学的挑战 /（日）渡边正峰著；（日）岸本鹏子，安婷婷，胡实译. —北京：北京大学出版社，2021.3
ISBN 978-7-301-31959-8

Ⅰ.①大…　Ⅱ.①渡…②岸…③安…④胡…　Ⅲ.①人工智能　Ⅳ.①TP18

中国版本图书馆 CIP 数据核字（2021）第 001664 号

书　　　　名	大脑的意识，机器的意识：脑神经科学的挑战
	DANAO DE YISHI, JIQI DE YISHI：NAOSHENJING KEXUE DE TIAOZHAN
著作责任者	〔日〕渡边正峰 著　〔日〕岸本鹏子　安婷婷　胡　实译　李同归 审校
责 任 编 辑	赵晴雪
标 准 书 号	ISBN 978-7-301-31959-8
出 版 发 行	北京大学出版社
地　　　　址	北京市海淀区成府路 205 号　100871
网　　　　址	http：//www. pup. cn　新浪微博：@北京大学出版社
电 子 信 箱	zpup@pup.cn
电　　　　话	邮购部 010-62752015　发行部 010-62750672
	编辑部 010-62752021
印　刷　者	大厂回族自治县彩虹印刷有效公司
经　销　者	新华书店
	650 毫米 × 980 毫米　16 开本　18.25 印张　186 千字
	2021 年 3 月第 1 版　2022 年12月第 2 次印刷
定　　　　价	55.00 元

前言

如果可以把人的意识移植到机器里，你会选择这么做吗？

面临死亡时，你又会怎么办呢？

你可能会说梦幻、美丽的生命只有一次，这我可以理解，但我可能还是抵挡不住无尽的期待和好奇心吧。我会想，被移植到机器里的我，怎么呼吸，听什么、看什么呢？会时不时回想起很久以前我的肉体存在时的记忆吗？

我认为，在未来的某个时间点上，意识的移植会实现。甚至可以说，人类在机器中度过第二人生几乎是毫无悬念的。

但是在现阶段，意识的移植对人类来说还是一个很遥远的梦想。我们还无法预想有意识存在的机器。其实，就连意识的原理，我们都没弄清楚。

意识科学的研究尚未找到具有普遍性的发展规律。意识科学的现状是各式各样的观点、立场并列在一起。科学家或哲学家就连意识的哪个部分有问题，应该从哪里着手进行研究，都没有达成统一的意见。

但是近年来，在部分研究意识的科研人员中，出现了一个着手实践的萌芽。通过这一实践，以前不太清楚的意识科学的轮廓变得清晰，也逐渐看见了解决问题的新方向。在本书里，我们将把焦点集中在这一实践上。

这一实践就是把新的自然法则引入意识科学。顾名思义，所谓自然法则就是"自然的规则"，即组成自然界根基的法则。像假设光速恒定的光速不变原理那样，被定位为科学基础的法则。

我们知道，从爱因斯坦的相对论出发可以推导出众多奇妙的现象，比如说物体达到光速后时间会静止，这个想法就起源于光速不变原理。类似地，在意识这个不可思议的现象里，也很可能存在着某种普适法则。与其他自然法则一样，假如这样的法则存在的话，那它应该是在生命诞生很久以前，宇宙大爆炸后就已经存在了。

虽然被形容成是意识的自然法则，但是其中含义却不好理解。举两个假说以方便大家理解。一个是哲学家查默斯（David Chalmers）主张任何信息都可以产生意识；另一个是神经科学家托诺尼（Giulio Tononi）认为只有处于被整合后的特殊情况下的信息，才能产生意识。关于各个假说的含义和革新性会在正文中详细说明。

导入自然法则的目标，是把意识研究纳入科学的范畴，即在自然法则的基础上提出假说，并通过实验对假说进行反复验证，以接近问题的本质。通过这个方法，最终可以把从数千年前开始就徘徊在哲学和科学之间的意识问题，放到科学的显微镜下进行观察。

下面简单介绍一下我自己。我的专业是脑神经科学，却在不知不觉间开始研究意识问题。哲学家约翰·瑟尔（John Searle）说过："研究脑但不研究意识，就跟研究胃但不研究消化功能一样。"我现在就以这句话作为我的工作方针。每天一边进行与意识有关的小白鼠脑测量实验，一边绞尽脑汁地想要去理解和认识意识的神经运作机制。

我可以非常自信地告诉大家：放眼整个科学研究课题，再也找不到像意识这般毫无头绪的深远问题！

顺便说一下，本书的第一个目的，就是让读者理解这个极具深度的意识问题。不用去宇宙的深渊，需要穷尽智力去探求的问题，其实就在我们的头脑之中。本书的第二个目是想通过一个提议，打开意识问题的突破口。

以下是本书的结构。

第1章将定义在本书中讨论的意识。这里所说的意识指的是"看得见""听得到"等感觉意识体验，也就是所谓的"感受质"。我将利用大家熟悉的事物，让读者实际体验一下，诸如虽然有图像存在但是"视觉感受质"却不存在，或者相反地，没有图像但"视觉感受质"却存在等多种视错觉，并会对其意义进行说明。

但是，即使说感觉意识体验就是意识，也会有很多人不赞同这个说法。这是因为，对我们来说，看到什么或者听到什么，是一件太过于自然的事情了。即便如此，我们也有理由特意去研究感觉意识体验。可以说几乎所有关于意识的实验，都把感觉意识体验当作研究对象之一。

一般来说，提到意识，很多人会联想到，诸如自我意识（自己认识自己）等比较复杂的意识。但是，对这样的意识我们很难进行科学性的检验。这样的意识的确存在，并且也很有研究价值，但是这样的意识，几乎没有实验研究过，所以，关于它们的所有讨论都变成了空中楼阁。

但是，请放心。感觉意识体验一方面虽然是原始意识形态的一种，另一方面它也包括了所有意识难点的本质。因此解密感觉意识体验，就很有可能发现揭示意识全局（其中包括更为复杂的意识）的线索。

在接下来的第2章和第3章里，我将穿插介绍先驱者的故事、到目前为止意识科学的前沿进展。从第4章开始，内容的重点是"意识的自然法则"。为了认识"意识的自然法则"的必要性，就必须正确把握意识的问题是什么，以及还有哪些仍然是未知的。这两章是理解这个问题的准备阶段。

在第4章的前半段，我们会对意识的核心问题及其难点有所涉及。意识有其独特的难点。弗朗西斯·克里克（Francis Crick）有句名言，"人只不过是块神经元而已"，要知道，他是发现DNA双螺旋构造的科学家之一。后来，他又对处于黎明期的意识科学做出了巨大的贡献。我希望读者能细品这句话的深意。如果你能体验到意识寄存于大脑这个事实，我相信，你一定会觉得不可思议，进而会感受到翻天覆地般的冲击。

在这本书里，为了尽可能让更多的读者感受到这个冲击，我将有意识尽可能详细地介绍大脑的运作机制。我将从分子层面的纳米级过程开始，对作为大脑的机能单位的神经元、由多个神经元组成的神经回路网、数亿个神经元组成的大脑的一个部位，最终对大脑中各个等级的构造以及不同等级之间的连接进行介绍。有人也许会感到有点多余，我之所以这么做，是因为与其试图让读者理解构造本身，不如让大家知道大脑的任何地方都没有黑盒子（未知的构造）。

虽然没有黑盒子但意识却存在，这的确让人震惊。

在第4章后半段，我想对意识的自然法则的必要性，以及检验这个必要性时的问题进行说明。这些都是重要的部分。对意识的挑战能否作为科学而成立，正是这些实证研究成了关键之钥。

说老实话，对大脑的自然法则进行检验存在界限。比如，为了检验之前提到的信息生成意识这个假说，就必须得从大脑中把信息抽取出来。但是从活生生的大脑的特点来看，这是不可能的。如果硬要抽取，那大脑就会死掉。尝试把意识寄存到机器里，这是一个精妙的方案，但是遗憾的是，还找不到可以检验机器里的意识的测试。

本书的第二个目的是"提出打开意识问题的突破口的提议"，指的就是测试机器意识的新方法。在测试完机器意识后，下一个可以预见的问题，就是向机器移植大脑的意识。我希望读者读完这本书，告诉我您对此问题的宝贵意见。

在第5章里，我将把由我提出的机器的意识的测试，作为一项思考实验（只在头脑中进行想象的实验）来使用，通过它遐想意识的自然法则。能通过测试的神经机制，到底会是什么样的呢？以往的提议中都假设信息即为意识，我想检验一下在这些提议中是否存在答案。

在最后一章里，结合之前的讨论，我将展望技术的发展。

虽然我把人类的意识移植到机器里，说成是一个遥远的梦，但是我想实现这个梦的日子，说不定会来的更早。我之前在自己的小学毕业纪念册里，写下了"想去无人去过的地方"这个梦想。当时还是个孩子的我，想到的应该是去火星这类，但是现在的我悄悄地期待着，说不定能去一个意想不到的地方。

在近年来的意识研究的实践中，我所显现的姿态，是向着风车前进的堂吉诃德的样子呢，还是向巨人前行的勇者的样子呢？当读者读完这本书的时候，希望大家能觉得我更像后者，哪怕只有一点点也好。

现在，脑科学的童年结束，并迎来了巨大的转折期。我很兴奋自己处在这样的时代里。哪怕能向读者传递一点点这种心情，也再开心不过了。

目 录
CONTENTS

意识的奇妙

我思故我在

现在的你，手中拿着这本书，目光追随着文字进行阅读。手里拿着书的你在哪里呢？我希望你能将目光从书本上移开片刻，看一看你周围的环境。

就在刚才，你对周遭事物进行了确认，那些你看到的人和环境，你觉得他（它）们是真实存在的吗？而现在，当你的目光回到这本书上，它又是真实存在的吗？

同样的问题我也要问一问我自己。我眼前的电脑屏幕和键盘，它们是真实存在的吗？我在写这篇文章时，感受到敲击键盘触感的手指又是真实存在的吗？

现实中的我，可能只是躺在床上，做着一个很长很长的梦。又或者我的大脑被连接到电脑上，而我被困在了一个虚拟世界中。说不定连我的大脑和身体都是不存在的，我不过是电路上的一个反应而已。或许你会认为这只是荒唐的空想，但在电影《黑客帝国》中，主人公一开始正是处于这样的一种情况，当大脑的输入、输出系统被完全控制后，便无法区分虚拟与现实。

但即使是在这样一种极端的情况下，即对一切事物是否真实存在都不能确定的情况下，还有唯一一件事情我们是确定的，那就是我们自身的存在。这并不是指我们躯体的存在，而是指我们感受到自己在注视着电脑屏幕、感受到手指在敲击键盘、对"这就是现实"进行确认时的思考。这些证明了我们自身的存在，而这就是意识。

近代哲学之父笛卡儿提出的"我思故我在"就是这个意思。当年笛卡儿为了追求真理，开始对一切事物进行怀疑。因为他坚信，当我们对身边所有一切都进行怀疑时，只有真理能够经受住逻辑思维的考验而最终保留下来。

笛卡儿最先着手怀疑的是他目之所见、耳之所闻，也就是我们人类自身的感觉。因为像错觉和幻觉等与现实不符的现象经常出现。另外，我们在某一瞬间是清醒着的、还是在睡梦中，实际上也是难以判断的。因为当我们在梦中时，很少有人会意识到这是梦，所以即便你觉得自己醒了，也无法证明我们是醒着的。对于各种知识和常识也是如此，如果连自己的感觉都无法信任，那么所有的知识也都将成为空中楼阁。就这样，笛卡儿对可疑的事物，一个一个地进行了排除。最后，留下了一个无论如何也无法排除的东西，那就是努力排除一切的笛卡儿自己的思考，即意识。至此，哲学历史上最著名的命题之一"我思故我在"终于浮出水面。

这种笛卡儿所描述的"我"正是本书的核心——意识。"我"是讨论意识的出发点，也是唯一无可置疑的存在。无论我们的大脑是装在一个瓶子里，还是装载在半导体设备上，当我们在思考自身的存在性问题时，"我"是一定存在的。

然而，为了科学地研究"我"的形成，仅仅靠"我"是不够的。如果我们对除"我"以外的所有事情都进行质疑，那么实验装置等用于验证的工具就会作为不确定的东西云消雾散。更何况，我们还不知道让"我"在大脑外存在的方式。因此想要把意识放在科学的实验台上，需要将核心的"我"作为主要目标，以实证研究的方式对它进行重新考察。

将意识还原到极限——感受质

为了分析意识的机制，首先应该将它还原到极限。现在的电脑是没有意识的。那么，我们人类具有的而电脑不具有的东西是什么呢？

电脑一直作为工具为人类所用。但人类已经不能再小看电脑了。国际象棋世界冠军卡斯帕罗夫在与 IBM"深蓝"超级计算机的比赛中败北，那已经是 1997 年的事情了。2017 年，谷歌旗下的人工智能"AlphaGo"打败了世界上最强的棋手，这件事情依然令人记忆犹新。

对于"在既定规则中解决问题"的这种能力，电脑已经在许多领域中凌驾于人类之上。

另一方面，在被认为电脑根本无法与人类相提并论的图像识别领域，前景也变得难以琢磨。这一情况的发生，正是归功于被称为深度学习（deep learning）的以大脑为模型的软件。

图 1-1　被加工过的文字

如图 1-1 所示，你可能已经见到过这种经过处理的字符串，它包含了许多噪点，因此增加了阅读难度。这是一种在创建网络服务账户时十分常见的验证码。最初的目的是防止在网络上进行不正当账户的注册而引入了这样一种人类能够识别，但计算机却无法识别的字符串。尽管如此，最近这一状况发生了变化，计算机对这种被加工过的文字的识别率已经开始超过人类了。

即使在现在这样的时代，仍有一种东西对于计算机来说是束手无策的，并且在科学家和哲学家看来，计算机永远都无法实现。那就是我们看东西、听声音、用手触摸时的感觉意识体验，也就是所谓的感受质（qualia）*。

---

* 意识体验是多种多样的，人们通常把一种意识体验同另一种意识体验区别开来的那些特性称为该体验的"现象性质"（phenomenal properties）或"质性"（quale，复数形式为 qualia）。一般来说，每一种特定的（转下页）

感受质与感受质问题

对于感受质，即使是第一次听说的读者，可能也会有一定的印象。对于感受质这一概念，网络上存在一些似是而非的解释，如感觉的性质。但其实，感受质本身的意思并没有那么复杂。用视觉进行举例说明，感受质指的就是单纯的"看得见"。我们可以看到眼前的东西，但是看不到脑后的东西。那么这就意味着，我们的前方存在视觉感受质，而后方却并不存在。感受质的定义其实就是这么简单。

（接上页）意识行为或状态都具有某种"质性"。就拿感觉来说，每种感觉体验都有其不同于别的感觉体验的特性。例如，看一个成熟的红色西红柿，闻到刺鼻的汽油味，忍受脚被扭伤的疼痛……每一种感觉体验都因为具有某种"质性"而成为某种类型的感觉体验，并且与其他类型的感觉体验区别开来。

进一步来说，看红色西红柿与看绿色树叶给我们带来两种不同的感觉体验，两者的不同之处在于前者具有"红色"质性，后者具有"绿色"质性。也就是说，两者的不同可以归结为它们在"质性"上的不同。就此而言，"质性"是意识体验的核心成分。为了与客观事物的"性质"区别开来，国内学者通常把"qualia"（标准术语称"主观体验特性"）译为"感受质"（或"感受性质""感觉质"等）。

作为意识体验的核心成分，"感受质"的特点在于它无法被还原为人的行为或人脑的生理机制和功能，这一事实构成对心灵哲学中功能主义思潮的严重挑战，因此被称为功能主义的"阿喀琉斯之踵"（the Achilles' heel of functionalism）。

（审校者引自：朱耀平.感受质、意识体验的主体性与自我意识.浙江大学学报（人文社会科学版），2014, 44(1): 125-133. 有删改。）

真正难以理解的是"感受质问题"。为何对于具有大脑的个体，并且是只具有大脑的个体，"感受质＝感觉意识体验"的现象才会发生呢？最新的数码相机可以通过镜头捕捉风景、识别面孔，并将焦点对准这些物体。然而，数码相机并没有在"看"这些景色或面孔。或者换句话说，数码相机并不具有视觉感受质。

能够实际体会到这一概念是理解感受质问题的第一步。对我们来说，能看到这个世界是件理所当然的事情，因此会产生误解，会觉得好像相机也和我们一样，能看到这个世界。然而，处理图像并记录图像与能够"看见"世界，两者的本质是完全不同的。如果不理解这一点，就会妨碍大家阅读这本书，所以在后文中我会多举几个例子向大家进行说明。

但理解这个概念，也只是理解感受质问题的第一步。感受质问题的本质其实在于我们自己，在于我们的大脑居然拥有感受质，这其实是一件非常不可思议的事情。为了让大家对这一点有更深的理解和体会，我们有必要了解一下大脑的构造和迄今为止意识研究的成果。其中最关键的是，我们不得不接受这样一件令人震惊的事实：我们的大脑，事实上也不过是一个电子线路而已，与数码相机之间没有决定性的差异。而关于感受质问题的本质，则等我们打好基础知识，从第 4 章开始讨论。

视觉世界是虚构的世界

由于感觉意识体验对我们来说是件理所当然的事情，所以我们不太能够体会到这其实是那些拥有意识的个体的特权。若想理解这一点，需要我们转换一种思维。

其中可以转换思维的契机是，我们能够了解到："我们所看到的世界，事实上与真实世界相差甚远。"其实，当我们在看世界时，并不是在看世界本身。我们感受到的这种"看"的感觉，其实是大脑根据眼球输入的视觉信号，对其进行了看似合理的解释，主观创造出来的世界。

虽然每天我们都能体验到天然的、五颜六色的视觉世界，但这并不代表实际的世界是有色彩的。事实上，颜色只是我们的大脑创造出来的，外界的实体其实是一个电磁波来来往往的、乏味的世界。

顺便在这里和大家说一下，生活中用于广播和电视的电波，微波炉的微波，以及我们看见的光，其实都是电磁波，不同的只是波的长度（波长）。而我们能看到的光，其波长大约在一万分之四毫米到一万分之八毫米之间。不管是比这个数值更短还是更长的电磁波，对我们来说都是无色、无味，无法感受到的。

有趣的是，通常我们看起来觉得很相近的红色和紫色，以及常听说的红外线（因波长太长而看不见）和紫外线（因波长太短而看不见），其实是可见光波长的两个极端。在物理特征上相距甚远的东西，我们却感知为很相似，这一现象正能清楚地说明感觉意识体验就是由大脑创造出来的。

总之，我们很容易误以为是探照灯照亮了黑暗，眼球扫描了三维世界，因此，我们直接看到了世界，但事实并非如此。说到底，就是大脑对通过两个眼球获得的两组信息进行了重组，像"我"看见了一样将信息展现出来。但是，这种展现出来的假象太好了，让我们反而不太会注意到这个过程。

【专栏 1-1】视网膜视觉细胞和颜色知觉

我们能将光线感知为颜色，是源于锥体细胞的特性，这是一种铺在眼球视网膜上的用于感受光的特殊细胞。锥体细胞（图 1-2 上）共有三种，每一种都会对光的波长产生特异性反应。并且是与我们感受到的光的三原色——红、绿、蓝——一致的（图 1-2 下）。

所谓特异性波长，是指与其他两种锥体细胞的反应相比，某一锥体细胞的反应相对较大的波长。虽然"红色"锥体细胞的反应峰值在 630 纳米（1 纳米 $= 10^{-9}$ 米）附近，但是对这个长度的波，"绿色"锥体细胞的反应更大。然而，在人类能清楚感到"红色"的波长（680纳米）中，"红色"锥体细胞会继续做出反应，而"绿色"锥体细胞的反应则几乎消失。

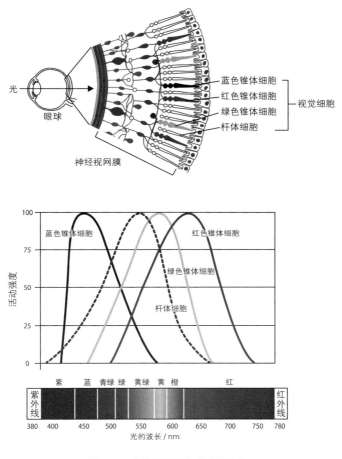

图 1-2　人类视网膜的光感受特性

此外，作为可见光波长下限和上限的红色和紫色，我们看上去觉得它们颜色相近，有可能是因为这两种颜色都在可见光的边缘，三种锥体细胞都趋近于没有反应的状态。因此，虽然它们的物理特征——波长差异较大，但大脑对其反应的方式却极为相似。

关于光的三原色还有一个需要向大家介绍的信息。我们对混有红色和绿色的光会感知为黄色，是由于红色光（波长 680 纳米）和绿色光（波长 550 纳米）对应引起的锥体细胞的活动，与波长处于其间的光（620 纳米）引起的锥体细胞的活动完全一致（见图 1-2 下）。物理特征完全不同的两种光（680 纳米 +550 纳米 VS. 只有 620 纳米）我们的大脑却完全无法分辨。

此外，很多哺乳动物只有两种锥体细胞。对它们来说，光的颜色不是三原色，而是二原色。因此，它们能够区分的光的种类也非常少，并且"红 + 绿 = 黄，绿 + 蓝 = 青"等光的颜色合成公式也不能成立。因此，这些动物看到的世界一定与我们不同。

如果你是一只鼹鼠

虽然听上去很突然，但我希望你能想象一下——你变成了一只鼹鼠。这种方式会帮助我们认识到，我们的视觉世界是大脑创造的产物。作为鼹鼠的你，并不能绝对保证自己是有意识的。

如果你用鼹鼠的未发育完全的眼睛去看世界，你的视觉世界一定是严重模糊不清的。鼹鼠也有下意识地把头钻出地面的时候。请你想象一下作为鼹鼠的你，将头钻出地面的鼹鼠的你，在能看见光的不同世界里的所有感觉意识体验。

在阴暗的通道中，远处变得明亮。你向着光亮挖着土，在你面前晃过一个黑影，原来是你最喜欢吃的蚯蚓。当你用发达的前爪抓住蚯蚓时，湿润的触感，蚯蚓那细长的肢体呈现在你面前，这所有的细节都将一丝不漏地传达到你身上。

这个时候，作为鼹鼠的你可能会想，真实的世界可能并不像你眼中那般模糊。

可是，重要的是，在所有这些的背后存在的感受质的真相。作为鼹鼠的你所看到的模糊的景色，貌似并非真实的世界。是作为鼹鼠的你，根据用已经完全退化的眼睛，竭尽全力收集到的视觉信息，用鼹鼠小小的大脑创造出来的世界。作为鼹鼠的你创造出来的是脱离现实的、模糊的视觉世界，这就是真正的感受质。

作为鼹鼠的你可能意识不到，但是我希望正想象着鼹鼠的世界的你，能意识到这些。

看到的东西并非一定存在

我们的视觉世界是"大脑创造"出来的，让我们从另一个角度来看一下。

首先，请看图 1-3，你应该能看到中间的半透明的方形。然而实际上方形是根本不存在的。图中有的仅仅是四个部分亮度不同的同心圆而已。

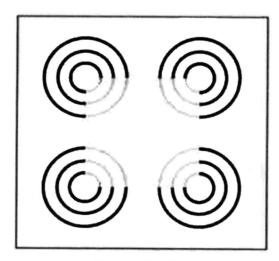

图 1-3 霓虹色扩散

即使我们的大脑理解这一事实，但依然会不停地看到方形。毋庸置疑，这个方形是我们的大脑创造出来的。与其理论，不如拿出证据来。请伸出手将右侧的两个同心圆盖住。瞬间，刚刚还能清楚看到的方形的右侧边缘已经消失在书页中了。

正因为看到一个方形更自然些，你的大脑才让你看到了这个幻想出来的方形。那么，这里的"自然"又意味着什么呢？这一点与图 1-3 中的"不自然"有紧密的关系。

图 1-3 中实际的视觉刺激是三个大小不同的圆形，组成一个同心圆，一共 12 个圆被放置到图中。并且，在圆的 360°中，90°所占的面积的亮度是不同的。

首先，请你看分散在四周的同心圆中的一个。你首先注意到的是，三个圆的亮度变化的分界线其实是整齐地排在同一条直线上的，而这是"不自然"的。比如金属生锈，如果我们不去管它，那么像这样生了锈的分界线，呈一条直线分布的现象，想必不会发生吧。刚才我们所说的"不自然"正是"偶然的，不可能发生"的意思。

更不自然的是，四个同心圆亮度变化的分界线都是在同一条直线上的。请你想象一下在森林中有几棵树。原本是分开生长的几棵树的树干，无意中竟然排成了一条直线，这几乎是不可能发生的事情。

那么，假设我们不考虑某一现象发生的可能性问题，四个同心圆亮度变化的分界线分布在同一条直线上，会在什么情况下出现呢？答案很简单，那就是在四个同心圆的前面，放有一个半透明的方形时。如果我们这样去解释，那么亮度变化的分界线分布在同一条直线上的现象，也不是什么不可思议的事情。

我们眼前看到的，正是这个"半透明的方形"。

我们的大脑，在尽量忠实地遵循视觉输入的同时，又尽可能地把自然的解释呈现给我们。在"忠实性"和"自然性"的斗争中，当"自然性"胜利的时候，根本不存在的东西会浮现到我们的意识层面上来。

并且，这种对"自然性"的计算方式不是单一的，即使去掉这种计算方式，还有对不在眼前的对象进行比较等多种计算方式。被称为"大脑创造"的视觉世界，是通过复杂的视觉信息处理加工后得到的。

对我们的视觉世界是"大脑创造"的这一事实，你是否已经意识到了呢？

梦中的感觉意识体验是我们的大脑凭空创造出来的

为了让你意识到我们的视觉世界是"大脑创造"的这一事实，以我们身边的例子来看，睡觉时做的梦，也是一个无可置疑的感觉意识体验（感受质）。单看感觉意识体验的质量的话，甚至有报告说梦中的体验不逊于清醒时的体验。

睡觉时的大脑与外界和身体是完全隔绝的。现实中的你躺在床上，而你的梦中世界却是以完全偏离这个事实的形式出现，这毫无疑问是大脑的创造物。

如果真是如此，那么借助眼睛和耳朵的力量，觉醒时创造感觉意识体验对我们的大脑来说也一定是轻而易举的。

然而对大脑来说如此简单的事情，对于电脑来说又是怎样的呢？现如今我们使用的电脑，既不做梦也没有感觉意识体验。比如，我们睡不着觉时会数羊，睡觉时会梦到羊。而电脑呢？借用菲利普·迪克（Philip K. Dick）的一本科幻小说来形容：仿生人至今也不会做电子羊的梦。

盲视[*]——大脑不伴随感受质的视觉处理之一

关于盲视，在这里我们介绍一个临床案例。患者 DB 在手术后获得了奇妙的能力，这种能力说明人类的大脑存在不伴随感受质的视觉处理。

DB 在 26 岁的时候，为了治疗脑部肿瘤，接受了切除大脑中一个叫作初级视皮层的部位的手术。初级视皮层是大脑视觉信息输入的入口，DB 由于手术的影响完全失明了。

然而，不可思议的是，虽然看不到，但如果强迫 DB，让他回答附近物体的位置和移动方向，DB 能够以相当高的概率给出正确答案。DB 本人也对自己的表现很吃惊。

这个事实意味着即使在意识层面完全看不到，大脑的视觉处理还是在确确实实地进行。正是因为大脑的视觉处理在进行，DB 才能回答出物体的位置和移动方向。

这个现象随后被命名为"盲视"（blindsight）。这个词听起来是

---

* 盲视是视皮层的某块区域损伤造成的，是指某些人对视野中的某一块区域视而不见的情况。Ⅰ型盲视的患者声称自己看不到任何东西，但是他们对这块区域内物体的位置或者运动类型做出正确判断的概率远高于随机猜测。Ⅱ型盲视则不同，患者声称自己能够感觉到一些物体的运动信息，但是却没有视知觉。大脑中的视觉信息处理需要经过一系列步骤。初级视皮层的损伤会导致相应视野区域的视觉缺失。视野中视觉缺失的区域又叫盲点，根据损伤范围的不同而不同，可以很小，也可以大到整个半侧视野。——审校者

个矛盾的汉字组合，意在"本人是失明的，但是在他人看来却是看得到的"。不伴随感受质的视觉处理，看似有些矛盾，但恰恰说明了如果不是大脑特意创造出"盲视"，这一现象是不会存在的。

双眼视野竞争实验——大脑不伴随感受质的视觉处理之二

接下来，我想让读者也体验一下"虽然存在视觉输入，但感受质不出现"的状态。图1-4是引起一种被称作"双眼视野竞争"错觉的视觉刺激。之所以如此命名，是因为这一错觉发生时，人的左眼和右眼会围绕着在意识中显现的视野而展开竞争。

在双眼视野竞争实验中，研究者会通过仪器向个体的左、右眼分别呈现完全不一样的图像。平时虽然我们因两眼间距，导致左、右眼视野所见略有不同，但是两只眼睛看见的景象基本上还是一致的。在实验中，通过向被试的双眼呈现不同的图形，比如右眼呈现竖条纹、左眼呈现横条纹，就会诱发双眼意识的竞争。

百闻不如一见，让我们一起来尝试一下，向双眼呈现横、竖两种不同条纹的图案。在你的意识中，当两种条纹图案重合时，就会出现一个有趣的现象：你会一会儿看到竖条纹，一会儿又看见横条纹，看见的条纹样式在数秒间交替变化。这一现象被称为视觉交替，在这种状态下，两种条纹样式除了在交替那一刻以外，几乎没有重合的时候。

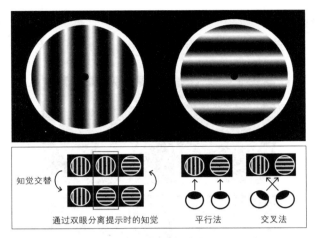

图 1-4 双眼视野竞争

平行法是指像发呆一样*直视着前方。而交叉法是指将一根手指放在纸张和眼睛之间，眼睛紧盯着手指，并将手指前后移动，你就会看到两个视野中的不同图像在中间完美地重合。

这一现象的精妙之处在于，当我们能看见竖条纹时就看不见横条纹了，相反，能看见横条纹时竖条纹就看不见了。只要你没有睁一只眼闭一只眼，所以说尽管两种条纹样式都映入了眼帘，但是这种现象还是会出现。

在"尽管有视觉刺激输入，却没有发生感觉意识体验"这种状态下出现的，正是这种没有被看到的刺激。而且，就像接下来要说明的那样，不光是感觉意识体验成立的图形如此，就连在不成立的图形的情况下视觉处理仍会在大脑中确确实实地进行。

图 1-5 展示的是，将一只眼睛的输入刺激替换成被称作"卡尼莎

_____

* 没有焦点地。——译者

方形"后的双眼视野情况。我们应该可以在图 1-5 的上半部分的左图中看到一个方形，尽管在实际情况中，并没有方形的存在。

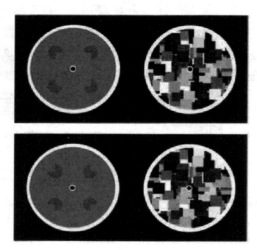

图 1-5　将一只眼睛的输入刺激替换成"卡尼莎方形"后的双眼视野竞争

这个虚幻的方形和图 1-3 一样，是在同一原理下产生的错觉。至于为什么会出现这个现象，与其解释成"像吃豆人似的四个图形碰巧被排在一起"，倒不如用"一个方形被放在了四个圆形的前方"这个解释更加自然贴切。而且，就像之前所说，在这种自然贴切的解释之中，高度的视觉处理过程是必不可少的。

紧接着，就像刚才左、右眼看不同条纹那样，这次让我们分别看一看图 1-5 中上半部和下半部的刺激吧。在看的时候，我想提醒大家注意观察一下，呈现在左眼的"吃豆人"消失的时间的长短。

经过几次视觉交替，左眼看不见视觉刺激的时间加在一起后，大家就会发现，跟图 1-5 下方的视觉刺激相比，看不到上方的刺激的时间要更长。"左眼视野中吃豆人的朝向对吃豆人消失的时间长短有影响"，这件事说明，即使在"吃豆人"刺激从意识中消失那一段时间里，它也是被大脑确确实实地加工处理着的。正是因为有这样的加工处理，当如图 1-5 上方那样的刺激出现时，虚幻的方形会在人的无意识中形成并产生。

除此之外，还有很多没有感受质出现的视觉加工的例子。

感受质是具有意识的个体的特权

大家应该已经实实在在地认识到了吧，感觉意识体验（感受质）并不是大脑视觉处理的附属品。感受质是有意识存在的个体的特权，是意识的本质。

就算是这样，想必还是会有接受不了的读者吧。这些读者会觉得："看看、听听这种事儿不是很平常吗，意识的本质不该是更高级、更复杂的事物吗？"

拥有意识的你想对意识的本质这件事发表自己的看法的心情是可以理解的。但是，研究意识的学者几乎毫无例外地赞同"意识的难点集中在感受质上"这个观点。因此，"正经"的意识研究都集中在具有科学研究性质的感受质上，特别是视觉感受质的分析上。当你读到第 4 章，并能体会到"意识的困难问题"（此说法由在前言中提及的查默斯提出）的真正的难点的时候，一定会令你对此说法深表赞同。

顺便提一句，感受质并非只限于五感，还存在思考的感觉意识体验，记忆回想的感觉意识体验，等等。比如之前提过的国际象棋的例子，虽说电脑凌驾于人脑之上，但是人在长时间思考后恍然大悟的"那种感觉"，下了一步好棋那一刹那的"那种感觉"，想必电脑是体会不到的吧。图像识别也是如此，你看着对方的脸却想不起来名字，话到嘴边的"那种感觉"也是电脑体会不到的。"那种感觉"指的都是感受质。

这里我们提出的感受质正是意识科学的首要目标，即本书中所说的意识。

感受质本身对所有人来说都是一种自然而然的感觉，不需要进一步的说明。但要想将感受质与大脑联系在一起，却是件比较困难的事情。

感受质是如何产生的？为了真正体会这个问题的难度，我们必须对大脑有所了解。

首先，让我们说说构成大脑的神经元的作用。关于构建起"我"的机制的秘密有多少是藏在神经元之中的呢？

作为意识源头的神经元

你只不过是神经元的集成块（You are nothing but a pack of neurons）。这是发现 DNA 的双螺旋构造，又在意识科学的黎明期做出巨大贡献的弗朗西斯·克里克的名言。神经元是具有细胞核的细胞，是大脑在解剖学上的组成单位（图 1-6）。

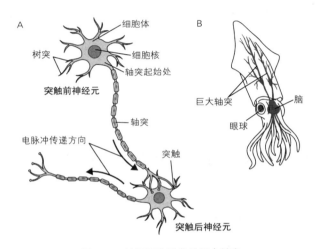

图 1-6 神经元和墨鱼的巨大轴突

"你"是神经元活动的产物，从现代脑科学的研究发现上来说，这种说法几乎是确定无疑的。那么，克里克所说的"只不过是"（nothing but）又意味着什么？为了理解这一问题，我们必须对神经元有所了解，从大脑的基础结构开始拨开这神秘的面纱。

大脑至今仍然被包围在重重谜团里，但我们对存在于其中的各个神经元的认识却已经达到了一定的高度。基于只凭一组数学公式就获得诺贝尔生理学或医学奖的艾伦·霍奇金（Alan Hodgkin）和安德鲁·赫胥黎（Andrew Huxley）的先驱研究，细胞从微观层次到宏观层次的活动机制正被逐渐揭示开来。

那么，让我们随着他们二人的脚步看看神经元的运作机制吧。

接下来的说明会有些零散，但为了让读者能够理解作为"我"的基础的神经元的运作机制，也只能采取这种不得已的办法。如果觉得不好懂，那你只需体会一下其氛围即可。放轻松，慢慢读下去就好。到后面需要的只是这里的知识精华，到时候我会再进行归纳总结。

第二次世界大战前，霍奇金与赫胥黎的努力

1938 年，赫胥黎从著名的剑桥大学毕业。而彼时的霍奇金已经是一名在英国普利茅斯大学海洋研究所进行神经科学研究的科学家了。在一番机缘巧合下，霍奇金将赫胥黎招募到自己的研究所，从此开始了二人的研究之旅。

这两位研究者，在英国南部的沿海城市里，开始挑战一种只有神经元才具有的机制的研究。神经元之所以成为神经元，是因为在生物体内的所有结构中，它有着以出类拔萃的速度进行高速信息传递的构造。神经元由三个主要成分构成。接收信息输入的树突，将输入的信息进行整合的细胞体，以及承担信息输出工作的轴突（图 1-6A）。

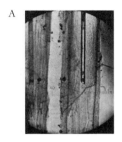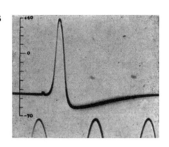

图 1-7 插入墨鱼的巨大轴突的电极（A）和测量到的电脉冲（B）

当时，科学家已经了解到在神经元内部会发生电信号反应，但由于缺乏能够直接观测的技术手段，因此详细的神经信息传导过程依旧被谜团包围着。

在这种情况下，二人决定进行一项实验对这一过程进行细致的研究。这个实验通过在神经元输出端的轴突处插入一个极为细小的电极，试图直接对神经元的内部电位进行测量。为何这两位科学家选择了输出端的轴突进行测量，而没有选择树突与细胞体呢？

在这里需要向大家补充说明的是电势（又称电位）这一概念。电势就像电的世界中的海拔差（高度差）。例如，一块电池如果是 1.5 伏的，那么就意味着，它的正极与负极之间有 1.5 伏的电势差。并且，电流会像河流一样，从电势高的地方流向电势低的地方。

当时他们的研究所在海边，二人就近取材，将拥有巨大轴突的墨鱼选为实验对象（图 1-6B）。墨鱼之所以拥有如此巨大的轴突，是因为它不仅是神经元的输出端，还承担着在海中前进的功能。轴突能够帮助墨鱼将大量的水吸入体内，并通过将水喷射出去，达到前进的目的。而这整个过程都是通过神经元进行精确控制的。相比于我们人类大脑中神经元轴突的直径只有几十微米，墨鱼巨大的轴突的直径能够达到 1 厘米。

即使有 1 厘米，想要在其中插入电极依旧不是一件容易的事情。二人对电极插入的角度进行了三维观测，并且自行开发出相关的实验装置，终于成功捕捉到了轴突内部的电势变化（图 1-7A）。

二人所观测到的轴突内部的电势变化如下。通常，轴突内部会保持低于轴突外部的电势。如图 1-7B 所示，从比零更低的负值开始（在图的左端），然后对该位置的电势在时间变化上进行追踪测量，会发现在某一时间点，电势会突然上升，紧接着突然下降，并最终恢复到初始状态。这种先上升后下降的过程十分迅速，用时约为千分之一秒。二人捕捉到的便是大脑中密布的、纵横交错的进行信息传导的"电脉冲"。

在这里我们提到的"钉子"（spike），是指棒球或足球鞋鞋底的钉子*，是为了表示"有尖锐凸起"的意思。在时间上具有尖锐（陡然上升与陡然下降）的电势变化，因此称之为电脉冲。

在成功测量到电脉冲的几周后，由于德国对波兰的进攻，二人的研究也不得不中断。他们匆忙地将成果整理出来，并于 1939 年 10 月 21 日出版的《自然》（Nature）杂志上发表了以《从神经纤维中记录的动作电位》（Action potentials recorded from inside a nerve fibre）为

---

* 在日语中，钉鞋与电脉冲都使用了"spike"这一英文翻译。所以作者在这里会用钉鞋做类比。——译者

题的论文。动作电位（action potential）指的正是电脉冲，如果对此进行直译，则是"在神经纤维内部测量到的电脉冲"。这篇论文的题目十分简洁有力，在当代学术界是很少见的。

在这之后的二人，各自投身于二战期间所需的研究工作中。霍奇金先从事飞行员的氧气面罩的开发研究，之后又投身于雷达的开发工作。而赫胥黎则专注于应用控制理论提升机枪的射击精度的研究。两个人在这期间的工作经验，也为他们后来的研究工作提供了很大的帮助。

二人的新挑战

这两位科学家的重逢，是在二战结束六年后的事情了。二人手握新的"武器"，开始挑战电脉冲发生的生物机制这一研究课题。

他们的一个武器是可以将轴突内部的电势，强制固定为一个数值的装置。通过这个装置，他们实现了对轴突内、外部之间的电流的测量。将轴突内部的电势保持在一个固定值，就可以进一步将电脉冲的发生过程分解成不同阶段进行观测，从而更清楚地了解每个阶段的工作机制。在这里我们所说的阶段，指的是电势上升和电势下降等过程。

让我们以汇率为例来理解这个过程。汇率会出现上下波动，然而当汇率的价格为 1 美元兑换 80 日元时日元贬值的主要原因，与

1 美元兑换 150 日元时日元具有进一步贬值倾向的主要原因，两者具有很大差异。对于前者来说，可能是因为政府的经济刺激政策，而后者则可能是经济恶化的结果。虽然在现实中是不可能发生的，但是如果我们能固定美元与日元的汇率并进行社会实验，通过每次操纵一个因素并观察其对汇率的影响，就能够明确究竟哪些因素能够影响汇率，以及它们是如何影响汇率的。

霍奇金与赫胥黎的目的正是如此。图 1-8A 所示的正是将轴突内部的电势固定在不同值时，电流随时间的变化过程。而这一观测结果，与二人的另一个"武器"相结合后，他们就迈向了一个历史性发现的新阶段。

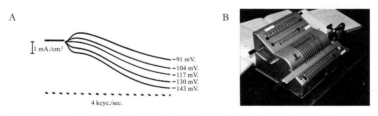

图 1-8 将轴突内部的电势从一个值变为另一个值时轴突内、外的电流变化（A）和赫胥黎使用过的手摇式计算机（B）
（A: Hodgkin & Huxley，1952；B: Schwiening，2012）

数学模型的建立与手摇式计算机的验证

二人的另一个"武器"是赫胥黎在二战研究工作中培养起来的数学技巧。

　　首先，二人思考电脉冲发生机制的可能假设，并将其一一列出。然后分别为每一种假设建立对应的计算公式。对于每一个假设，分别对比其计算公式的结果和通过实验得出的结果，最终找到与实验结果一致的正确公式，即发生机制。

　　对于电脉冲发生的部位，两个人重点关注的是附着于轴突表面的、无数的离子通道。离子指的是携带电荷的微粒子。而离子通道则是离子在轴突内、外部进行移动时的通路。

　　并且，离子通道的"通道"（channel）一词在英文中还有海峡的意思，例如 English Channel 就是著名的英吉利海峡。在这里，离子通道也有些像海峡，大家可以想象这样的景象，随着潮汐的涨落，大量海水在两块陆地之间来来回回，就好像电荷在离子通道中往返一样。

　　离子通道的种类有许多，其中，引起二人关注的是一种特殊的离子通道。这种离子通道的开口大小会随着轴突内部的电势不同而改变。虽然用海峡来打比方不是很合适，但是大家可以试着想象一下海峡两岸的陆地能够移动，不时地靠近和分开，海峡也随之消失和出现。

　　于是二人对这种离子通道建立了几种假设，并列出对应的数学公式。这些数学公式是一些常微分方程，因此是无法使用纸笔进行计算的。当时，他们原本打算使用剑桥大学引以为傲的巨型计算机"EDSACI"进行运算工作。然而，很不走运的是，他们刚好碰上机器更新，导致机器无法使用。据说，最后是赫胥黎在研究室的角落里，使用手摇式计算机（图 1-8B），经过了三周坚持不懈的摇动，最后才算出数学公式的结果。

离子通道的协同合作

就这样，两人尽心尽力地进行分辨解析，最终明晰了电脉冲发生的具体机制是两类离子通道的协同合作 *。

在这里登场的是两种不同的离子——钠离子和钾离子。这两种离子都携带正电荷（具有使电势上升的作用），前者在轴突外侧较多，而后者在轴突内侧较多（图 1-9）。

由于某种特定的原因（之后会详细阐述），轴突内部的电势只要有细微的上升，首先，钠离子通道就会一起打开，钠离子便会从轴突外侧通过离子通道向内侧流动。随着这一活动的进行，轴突内部的电势会瞬间上升。在这之后，钠离子通道会关闭。而几乎是同时地，钾

---

* 大脑浸浴在一种特殊的盐水溶液中，叫作脑脊液，它含有高浓度的钠和极低浓度的钾。这些钠和钾都是带电离子，各带一个单位的正电荷。大脑所消耗的能量主要用于持续的分子泵运转，它将钠离子泵出细胞，钾离子泵入细胞。如此使得神经元外部的钠离子浓度是内部的 10 倍。而钾离子的浓度梯度正好相反：神经元内部的钾浓度大约是外部浓度的 40 倍。神经元的细胞质膜两侧都是盐溶液，成分却完全不同：细胞外液高钠低钾，细胞内液则相反，低钠高钾。这就是大脑电学功能的基础。钠和钾的浓度差产生了势能，可以在适当的环境下产生电信号。在静息时，神经元存在一个跨膜的电势能差：胞内的负电荷比胞外多。——审校者

离子通道会全部开启。因此，钠离子向轴突内部的流入会停止，钾离子开始向轴突外部流出。随着这一系列的活动，刚刚上升的轴突内部的电势便会一口气地降下来，恢复到初始电位。

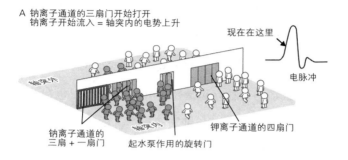

图1-9 依据电势依存性离子通道的电脉冲发生机制示意图

　　像这样，随着两种不同离子通道在绝妙的时间点配合着开闭，就形成了一次电脉冲（更详细的说明请见专栏1-2）。

　　到此为止，霍奇金与赫胥黎以轴突为例，揭秘了电脉冲的发生机制。需要附加说明的是，这一作用机制，从整个神经元来看，作为电脉冲的发生机制，也是同样适用的。希望大家再看一次图1-6A。我们已经知道，在神经元中，最开始产生电脉冲的是结构相当于细胞体和轴突的根部的"轴突起始处"。在这个部位，也存在无数的具有电势依存性的钠离子通道与钾离子通道，随时准备着等待电脉冲的发生（微弱的电势上升）。

【专栏 1-2】轴突内电脉冲发生过程的详细机制与 50 年后的对答

　　从霍奇金与赫胥黎的数学公式推导出来的究竟是怎样的机制呢？

　　钠离子能够通过的离子通道一共由 3+1 合计四扇门组成（图 1-10A）。门内的三扇（图 1-10A 中的 m）的变化机制是，轴突内部的电势越高，这三扇门就会开得越大。而剩下的一扇门（图 1-10A 中的 h）则相反，轴突内部的电势升高，这扇门便会关闭。

　　另一方面，钾离子通道也由同样的四扇门（图 1-10B 中的 n）组成，而这四扇门具有同样的性质，轴突内部的电势升高门就会打开。在这里有一件很重要的事情是门的开关速度，钠离子通道大门的速度要快于钾离子通道。并且，当两种离子通道所有的门都关闭时，离子将无法进出轴突。

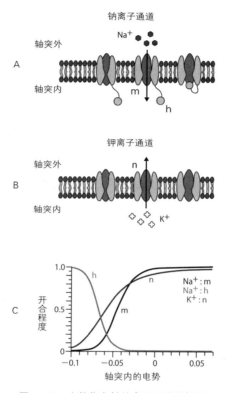

图 1-10 电势依存性的离子通道的特性

随着这两种类型的离子通道的协同合作，就产生了电脉冲。接下来，让我们按照时间顺序一起来看一遍。

最初的状态，如前文所述，轴突内部保持着负的电势。从这里开始，由于某种契机（在之后会详述），电位出现轻微的上升。这样一来，原本关闭的三扇一组的钠离子通道的大门（图 1-10A 中的 m）开始打开。另一方面，剩下的一扇门（图 1-10A 中的 h）则由于具有相反的电势依存性，此时也处于完全开启的状态。这样一来，在某处的钠离子通道，处于四扇门全部开启的状态，钠离子开始流入轴突内部（图 1-9A）。同时，轴突内部的电势就会开始上升。并且其他钠离子通道也会打开三扇一组的门，进一步增加钠离子的流入程度。这样一来电势就像雪崩一般急速地上升。

如果放任不管的话，电势就会无限地上升，而在此时钠离子通道中的另一扇门给这一上升画上了休止符。因为这扇门会随着轴突内部电势上升而关闭，因此能够确保当到达某一时间点后，钠离子不会进一步地流入轴突内部（图 1-9B）。希望大家能回忆起来，在离子通道结构中，即使只有一扇门关闭，离子也将无法通过。

这样一来，电势的上升就会停止，但目前为止已经提升的电势，却还保持着高于初始电位的状态。具有让电势迅速下降功能的是，到目前为止还没有出场机会的钾离子通道。钾离子通道的四扇门（图 1-10B 中的 n）的每一扇门都与钠离子通道的三扇一组的门具有同样的特性，电势越高，越容易开启。

只是，稍微有一点不同的是，与钠离子通道相比，钾离子通道的开启需要花费更久的时间。两者都在电势上升完毕后，才慢慢地打开，这次是钾离子开始从轴突内部向外流动（图 1-9C）。随着这一变化的发生，轴突内部的电势下降，最终形成了一个完整的电脉冲。恰如排球中的时间差进攻一样，钠离子与钾离子的这两种通道，在保持着一定时间差的情况下进行开合活动，最后竟能在千分之一秒的时间内完成电势的锐增与锐减。

当霍奇金与赫胥黎试图解决神经元电脉冲的发生机制时，并没能真的捕捉、观测到离子通道那朦胧不清的构造。其详细的发生机制，仅仅存在于他们二人的头脑之中，凭借将这一虚无的想象通过微分方程进行具象化，比对计算结果与实际观测结果，最终验证了这一假设。

而最后完成实际观测，并证明二人所预测的这一发生机制竟然与真实情况没有丝毫偏差，已经是50年后的事情了。在20世纪90年代，才终于实现了对离子通道构造的直接观测，与这两位研究者所预测的一样，钠离子通道有3+1扇门，而钾离子通道有4扇门。并且进一步了解到，这些离子通道的门是通过与蛋白质的巧妙组合构筑而成的（图1-11）。

图 1-11　电势依存性离子通道的构造（Jiang et al.，2003）

二人预测的围绕电脉冲的发生过程所涉及的各种离子通道的功能，依靠最新的观测手段，也已经被证明是正确的了。领先于观测几十年，仅凭着一组数学公式，就能解密人脑的信息传递的构造，除了惊叹，已说不出别的。这一发现是将数理学方法应用于生物学研究的里程碑式的杰作。

神经元之间是相连的吗？高尔基与卡哈尔的争论

神经元电脉冲的发生机制大家已经大致清楚了吧。这种电脉冲始于轴突的起始部分，通过轴突，向下一个神经元传递。

在这里就会出现另一个重要的问题，电脉冲是如何传导到下一个神经元的呢？神经元之间是否是直接连接起来的？

关于这一问题，率先提出假说的是一位意大利科学家卡米洛·高尔基（Camillo Golgi）。

高尔基为了回答这个问题，将大脑切成极薄的薄片，并在显微镜下进行观察。然而，即使将大脑放在显微镜下观察，也未能捕捉到神经元的构造。即使在一片薄薄的脑切片中，神经元依旧呈现出层层重叠的样子。再加上每个神经元都是半透明的状态，单个神经元的形状无法完全显现出来。

为了能够清晰地捕捉到单个神经元的形状，高尔基发明了一种神经元染色法。该染色法使用硝酸银与重铬酸钾给神经元上色，使其变得更便于观察。而这一方法，也被后来的研究者命名为高尔基染色法。

高尔基染色法的优势说起来有些令人费解[*]，它的好处就是很难让神经元染上颜色。虽然直到现在科学家们也没有弄明白，为什么这一染色法只能让很少一部分神经元染色，并且在染色的时候，只要神经元的一部分染到就会一下子扩展到整个神经元。但是使用这一染色法，确实能够使无数重叠在一起的神经元中的几个神经元被染上颜色，并将完整的形态呈现出来。

接下来，高尔基就将那些相邻的两个神经元都被成功染色的切片挑选出来进行仔细的观察。并提出，神经元之间是直接相连的结论。这一结论被命名为"网络假说"。

向高尔基的假说提出质疑的是一位当时在西班牙崭露头角的解剖学家——圣地亚哥·拉蒙－卡哈尔（Santiago Ramón y Cajal）。他认为神经元之间存在极小的间隙。这一主张被称为"神经元假说"。

讽刺的是，向高尔基发起挑战的卡哈尔，实际上在染色技巧上是高尔基的积极追随者。他也热衷于使用高尔基染色法对大脑

---

[*] 高尔基的主要贡献是创建了高尔基染色法。1873 年，高尔基发表了一篇题为《脑灰质结构》（On the structure of the brain grey matter）的短文，文中介绍了他经过长时间一系列的尝试性研究，找到了一种能清楚地观察到神经组织的成分的方法，即用金属浸染，这就是"黑色反应"（black reaction）的发现。这种染色法是将神经组织在重铬酸钾溶液中固定，并以硝酸银沉着于神经组织而使之显色。这一染色法至今仍被广泛应用，并被称为高尔基染色法或高尔基浸染法（Golgi impregnation）。这一方法能使少量神经细胞的胞体及其全部突起随机地（其原因至今仍不清楚）被浸染而清晰地显示出来。这是人类历史上第一次在显微镜下观察到神经细胞和神经胶质细胞。——审校者

切片进行处理，并且留下了数量可观的神经元素描。在当时，虽然已经有办法可以将显微镜下的图像拍摄下来并制作成照片，然而由于清晰度的原因，无法将细微的部分很好地拍摄出来。所以高尔基和卡哈尔都只能通过素描的方式，将观测到的神经元呈现出来。

让我们一起来把高尔基和卡哈尔存留下来的素描对比着看看吧。的确，在高尔基的素描中，神经元之间是直接联结在一起的（图1-12A），而与之相对的，在卡哈尔的素描中却存在细小的间隙（图1-12B）。那么，在这一争论中，究竟哪位研究者胜出了呢？

就事实而言，从两人使用的显微镜所能观察到的结果来说，即便使用最新的显微镜，也无法回答这一问题。基于光学原理的普通显微镜（光学显微镜）在物理上有局限性，无法充分地对物体进行放大。

图1-12C呈现的是使用高尔基染色法处理的脑切片的光学显微镜的照片。对比就能够发现高尔基与卡哈尔所保留下来的素描，不仅体现出他们绝佳的绘画才能，并且将显微镜下整体的神经元形象精彩地捕捉了下来。另一方面，关键的神经元的接合部分，则是二人根据内心所想画出来的。通过光学显微镜的照片，我们可以断定这一点。

1906年，由于在大脑的解剖学构造方面的贡献，二人同时获得了诺贝尔生理学或医学奖。但是，在当时，二人的争论一直没停过。据说，在颁奖典礼上，同时登台的二人连对视都没有。

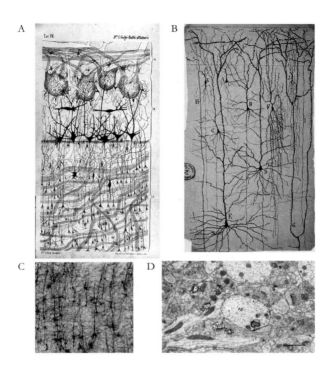

图 1-12　高尔基所画的嗅球的素描（A），卡哈尔所画的大脑皮质的素描（B），大脑皮质的光学显微镜照片（C），大脑皮质的电子显微镜照片（D）（A 引自 Golgi, 1875; B 引自 Ramón y Cajal, 1904; C 引自 Dzaja et al., 2014; D 引自 Peters, 2007）

最终，终结二人争论的是电子显微镜。在这场争论中获得胜利的是卡哈尔的神经元假说。想必大家也早就从我们今天还在使用的"神经元"这一词语中猜到了结果。

当我们观看通过电子显微镜拍摄的神经元连接部分的照片（图 1-12D）时可以发现，虽然非常细微，但是神经元之间存在间隙。间隙的大小约为 20 纳米，若换算成厘米的话则仅有十万分之二厘米。并且，一般的显微镜能够辨别的数量级仅为一万分之二厘米。所以，这也进一步说明，高尔基与卡哈尔两位研究者看到的是自己所相信的，并据此得出了完全相反的结论。

而这一神经元的连接部分，今天我们称之为"突触"，中间存在的间隙我们称之为"突触间隙"。

神经元之间狭窄的间隙的信息传递

当高尔基和卡哈尔的争论还在激烈进行的时候，围绕着神经元之间的连接处的另一个争论也出现了。这一争论也被通俗地称为"汤与火花"（soup versus spark）的争论。

这一争论所关注的问题是神经元连接处的信息传递途径是什么？究竟是电信号，还是化学信号？在这里，"汤"其实指的是溶于液体（脑脊液）的化学物质，"火花"指的是像电流一样的电信号。

最终解决这一争论的是德国的药理学家奥托·勒维（Otto Loewi）。他使用两只青蛙的心脏，做了一个颇为巧妙的实验。

为了能够理解这个实验，大家需要先了解一些关于心脏的知识。心脏具有两套用于控制心律的神经系统。一套是交感神经可以提升心律，另一套是副交感神经可以降低心律。在勒维的实验中，第一步，对第一个心脏的副交感神经进行电刺激（图 1-13）。由于在神经的直接作用下，这个心脏的心律出现下降。第二步，将第一个心律下降的心脏中浸入的溶液吸出，并转移到第二个没有被电刺激过的心脏。结果发现，第二个心脏的心律也开始下降。在这两个心脏之间唯一的共同点是浸入的溶液，电流是被完全隔绝的。所以应该是在第一个心脏的副交感神经被电刺激后，释放了某种化学物质，并且这种化学物质以溶液为媒介，传递到了第二个心脏。仿佛就像通过"汤"将降低心律的信息在两个心脏之间传递一般。

勒维将这一未知的化学物质命名为 Vagusstoff。这个词在德语中的意思是"副交感神经分泌的物质"。后来，这种物质的化学构造被确定，并被命名为乙酰胆碱（acetylcholine, ACH）。

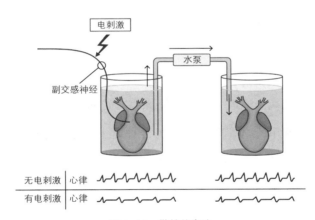

图 1–13　勒维的实验

神经元之间的相互作用

在两个神经元之间作为中介进行信息传递的化学物质被称为神经递质。现在，科学家认为，勒维发现的乙酰胆碱只不过是超过 50

种神经递质中的一种。另外还发现了在调味料中的谷氨酰胺也是其中一种神经递质。从前，民间有传闻吃味精能使大脑变聪明，其依据可能就是来自这里。

接下来，让我们一起更细致地观察一下这种在神经元之间，以神经递质为媒介进行信息传递的过程吧。

首先，我们假设从神经元 A 通过轴突向神经元 B 的方向传递电脉冲（图 1-14 中间部分）。当在轴突中前进的电脉冲到达突触后，神经递质就会被释放到突触间隙中。被释放出来的神经递质会在突触间隙中扩散，其中一部分会流动到对面的神经元 B 处（图 1-14 中间部分）。

这个时候，会发生有趣的现象。到达神经元 B 的神经递质，能够打开特定的离子通道（图 1-14 下面靠右的部分）。这种离子通道是区别于霍奇金和赫胥黎所发现的另一种离子通道。这种离子通道的开合不依赖于电势，而是依靠神经递质的匹配。只要是与神经元 B 处的钥匙孔匹配的神经递质插入，离子通道的闸门就会开启，且一旦脱离就会关闭（图 1-14 下面的部分）。

离子通道一旦被开启，离子就会在神经元内外流通，最终导致神经元内部电势的变化。这样一来，从神经元 A 出发的电脉冲，首先通过轴突的传导，横渡突触间隙，最终引发神经元 B 的电势变化。这种电势变化会根据离子通道允许通过的不同离子而有所不同，有时候是正的，有时候是负的。

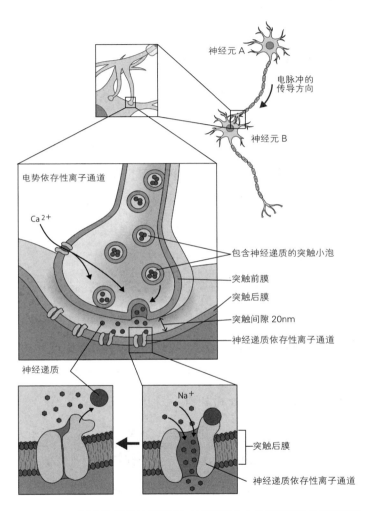

图 1-14 通过突触间隙的神经递质与神经递质依存性离子通道的信号传递

神经元的阈值作用

我们现在已经清楚了在神经元 A 产生的电脉冲是如何传导到神经元 B 的。我们还需要解决的问题只剩下神经元中的电势变化是如何产生电脉冲的。

神经元的突触大多集中在神经元的树突部分（图 1-15）。在一个突触处产生的电势变化，会在这个树突中扩散开来，最终会传到神经元的细胞体。对于细胞体来说，树突中产生的所有电势变化都会集中到此处。集中起来的电势变化，会根据电荷能够相合的特点，最终在细胞体汇集成一个电势（图 1-15 下面的图）。

在这里终于轮到了一直在等待"契机"的轴突起始处了。由于与细胞体紧密连接在一起，所以轴突起始处一直与细胞体保持着同等的电势。当细胞体内的电势上升到一定数值（图中的阈值）时，霍奇金与赫胥黎所发现的电势依存性离子通道的构造就会开始工作，因此在轴突起始处就会产生电脉冲。

也就是说，其实单个神经元的整个活动过程，是首先由其他神经元的信号输入，将细胞体内的电势提升到特定值（阈值）后，并最终引发电脉冲。研究者称之为神经元的"阈值作用"。

让我们来看看，这个表现出阈值作用的大脑中的神经元的实际过程吧。一个神经元的突触，平均能够接收到来自几千个神经元的信号输入。而且，单个神经元一般在一秒内自身会产生几次到几十次的电脉冲，甚至有时电脉冲会以每秒超过百次的频率进行输出。

那么通过简单的计算，我们能够得知，单个神经元一般情况下大约每秒会有高达十万个的电脉冲到达突触。到达突触的电脉冲会通过突触，以化学信号为媒介，最终引发下一个神经元或正或负的电势变化。就好像当一辆车在不停地被猛踩刹车和油门时的情况一样。一旦这种刹车和油门的平衡被打破，稍微向加速方向倾斜时，车子就会前进。神经元细胞体的电势变化平衡被打破，上升到阈值时，就会产生电脉冲。因此，电脉冲也被称为"神经元的点火"*。

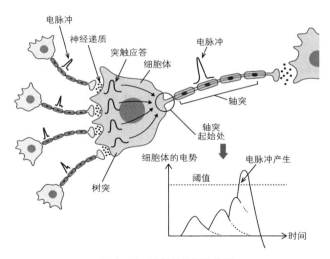

图 1-15 神经元的阈值作用

---

* 在本书中，"点火"一词是指神经冲动的发放，也有人将其翻译成"（神经冲动的）启动"。这里用点火比较合适，一是日文原文如此，二是这个词比较符合神经冲动开始发放的状态。——审校者

为什么使用神经递质作为传递的媒介呢？

在神经元之间的信号传递上，大脑选择了先将电脉冲转换为神经递质，再将神经递质转换为电势变化。为什么大脑在进化的过程中，需要这种进行二次转换的复杂的方式呢？一般我们都会觉得将电信号直接进行传递会更快一些。

这个问题的答案是，如果直接将电信号进行传递，大脑的信息处理能力会受到较大的限制。这里的关键点是，电脉冲只能够传递"有"或"无"的信号，即只存在"0"或"1"两种值。假如，大脑真的以电信号进行直接传递，那么在神经元之间往来的信息，同样也就剩下单调的"0"或"1"了。以此作为大脑的基本设计实在是太缺乏灵活性。我们也不难想象，这样的设计将使得能够实现的信息处理的幅度变得极其狭窄。

帮助我们解决这一问题的就是突触。通过突触的作用，将"0"和"1"的信息转化为从负到正的连续值。并且，这个数值还会根据输出端的神经元的不同，进行进一步的调整。关于这一部分，我们将在下一小节中详细说明。

大脑通过突触的调整作用进行学习

大脑所拥有的神经元的总数，从婴儿时期开始就基本不会发生变化。但另一方面，我们从儿童成长为成年人，一直在持续不断地学习。我们在这里提到的学习，不仅包括在学校学到的知识，还包括对人的面孔的记忆，记住一条新的路线，或者学会骑独轮车等，指的是广义上的学习。

大脑的神经元数量没有发生变化，而我们却能学习新的知识，有新的记忆，甚至运动能力等，这意味着我们的大脑，不是通过增加新的神经元的方式来进行学习的。那么，大脑究竟通过改变什么，最终达到学习的效果呢？

卡哈尔对这一学习的问题进行了一个精彩的预测。他提出，在神经元间隙进行信号传递时（后来被明确为神经递质），大脑通过改变传递的效率进行学习。

在卡哈尔预言的 50 年后，加拿大心理学家唐纳德·赫布（Donald Olding Hebb）继承了卡哈尔的观点，提出了突触应答（即传递效率）的变化规则（图 1-16）。突触应答指的是一个电脉冲所能引发的大致的电势变化。

赫布提出的变化规则，是依赖于来自神经元外界的输入与自身的输出，从而改变突触的应答大小的规则。其中，存在突触应答增大与减小这两种情况。图 1-16 中的神经元 A 点火后，神经元 B 也随之点火的情况，使得突触应答增大。而另一方面，尽管神经元 A 发生了点火，神经元 B 却未能点火的情况，则会使得突触应答减小。

其原理非常简单，当神经元 A 的输入是有效的，幸运地使神经元 B 成功点火的情况下，下一次，神经元 A 的点火就能更容易引发神经元 B 的点火。反之，未能成功引发神经元 B 点火的情况下，下一次也会变得更难点火成功。这种突触应答的变化规则被以提出者的名字冠名，即"赫布规则"。

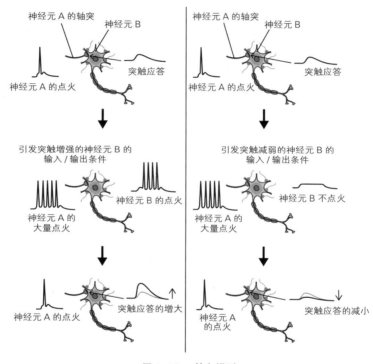

图 1-16　赫布规则

之后，在 1966 年，赫布规则获得了实验证据的支持。挪威的科学家泰耶·洛莫（Terje Lomo）使用兔子的大脑，验证了赫布对突触应答变化规则的推测。

你只不过是一块神经元

关于神经元的工作原理，大家是否已经有了大致的感受？离子通道也好，神经递质也罢，大量的专业术语冒了出来，可能很难一下把它们都记住。不过，我在这里想让大家理解的，并非每个具体的生物机制。而是构成大脑的神经元，在脑海中像魔法一样形成"我"这一概念的构造，是无法被我们直观看到的。大脑只不过是稍微精密一些的电路罢了。

尽管如此，"我"在这样的电路中产生了，这也是事实。单个神经元的工作原理我们已经研究得比较深入了。但是，我们很难从单个神经元的工作原理的基础上推理出，数量庞大的神经元聚集在一起时所产生的难以想象的现象，即"我"的诞生。

这样一来，我们就能了解克里克所说的"你只不过是一块神经元"这句话包含的双重含义了。第一重含义指的就是字面的意思，即"我"的本质不过如此。另一重含义是指，如此简单的神经元集成块却能诞生出"我"这样的概念，而对大脑产生敬畏。

从如此简单的神经元的工作原理，是如何诞生"我"的呢？这一质朴的问题才是意识科学的主题。

据说在分子生物学领域创造了伟大功绩的克里克，意气风发地向"意识的科学"进军时，从脑科学家前辈那里获得了这样的告诫："这可没有 DNA 的双螺旋结构那样简单。"在之后的十几年中，情况是否有变化呢？

　　在下一章中以"首先从能够胜任的事情开始"为座右铭，为了清除外围障碍继续前进，我们将向大家介绍很多意识的实验研究方法。

追逐大脑中意识的踪影

与意识联动的大脑活动

在上一章中我们讨论了，我们的意识其实是一种感觉意识体验（即感受质）。在第 2 章中，我们会通过讨论感觉意识体验具体是如何被研究的，进一步向意识的关键问题靠近。

"与意识联动的大脑活动"是本章的关键词。如果意识是依赖于大脑活动的，那么当意识到的内容发生变化，大脑的活动也应该发生相应的变化。这是一个非常简单而直接的探索大脑活动与意识之间的关系的实验设计的出发点。

尽管有如此简明的设计理念，但是最终的实现，却要等到一位科学家的登场。接下来，将要以我的恩师——尼科斯·洛戈塞蒂斯（Nikos Logothetis）的研究为重点，介绍 1990 年前后开始的关于意识的科学研究工作。

Bull Shit！

"Bull Shit！"意识科学领域的先驱洛戈塞蒂斯屡屡发出这样的评价。如果对这句话进行直接翻译，它的意思是"胡说八道"。虽然这确实是一句骂人的话，但他却不是在用这句话骂人。洛戈塞蒂斯经常在对那些著名的脑科学家的研究成果进行评价的时候使用这句话，并常常伴随着希腊人特有的夸张的肢体动作和手势。

洛戈塞蒂斯在位于德国南部小镇图宾根的马克斯-普朗克研究所率领众研究者进行脑科学的实验研究。他的天赋在业界也是有目共睹的，一次又一次成功实施了令同行惊讶的实验。像这样一位研究者发出"Bull Shit"这样的评论时，背后究竟是怎么想的？想知道这一点，就让我们一起来看看他对实验的观点吧。

对于科学实验来说，最宝贵的就是创新性。而可能令大家意想不到的是，只有一点点创新的实验，俯拾即是。即使是在脑科学的实验中，给予被试的刺激、要求被试在实验中完成的任务、测量的脑区以及测量手段等都能进行非常复杂的不同组合。关键是在多种组合中，如何进行选择，并付诸实践。

研究者在设计实验时，还会受到预算和资源等客观条件的限制，有时可能也会受到当下流行的研究热点的影响。但是，对于设计实验来说，最重要的是，研究者自身的审美与勇气。就像弱肉强食的奥斯卡金像奖一般，想要登上颁奖台，首先对于实验的判断力，是必不可少的。其次，还需要具备对自身判断力的信心。如果没有承担风险的勇气，可能就会与眼前的突破失之交臂。

将洛戈塞蒂斯开始进行实验设计，并最终获得研究成果这一过程进行仔细观察后发现，实验总共可以分为三种类型。当然这三类正是与我们之前所说的判断力与勇气密切相关的。在我的童年，20世纪80年代，有本非常有名的故事书《好孩子、坏孩子和普通的孩子》，与之相似，我们也以"好实验、坏实验和普通的实验"来向大家介绍这三类实验。

"坏实验"是什么？

在"坏实验"中，我们什么也得不到。或许你会惊讶于"花了那么多纳税人的钱，怎么可以做出这么蠢的事情"，但这样的蠢事可能为数不少。

让我们从实验脑科学家的视角来思考一下这件事情。你作为一个大脑的研究者，确定了想要研究的目标现象，每天都在构思能够让竞争对手都惊诧的实验。然后，一天你在和同事讨论工作时，了解到一种你做梦都没有想到的实验方法。这种方法可能是最近发现的一种错觉，又或者是一种新的数据分析方法。你可能满脑子都想着要尽快试一试这个方法。可能是昨天晚上睡得特别好，今天你的头脑特别清楚，不同的研究设想一个个不停地蹦出来。你觉得自己想到的这些实验，每一个看起来都是那么的优秀。甚至感觉稍不留神，可能就会被竞争对手抢先，忍不住着急起来。

然而，在这个过程中就已经出现了"坏实验"的预兆。方法先行的实验设计过程是一种自下而上的过程。有些人可能认为只要对实验的元素进行了新的组合，就一定能获得新的研究成果。但是，做研究可不是那么简单的事情。一个研究就算实验条件有所创新，却不一定意味着能够获得知识上的创新。

我们所说的知识上的创新，是指对研究对象更深层次的理解。对你所选的作为研究对象的现象，想必存在几种假说。想要对其有更深入的理解，就需要淘汰错误的假说，并提炼出更有可能的假说。就算最终未能在这种反复的证实与证伪中将范围缩小到只剩一个假说，但只要能排除至少一个错误假说，也算是一个有意义的研究。若有一个实验能够将迄今为止所有的假设都推翻，那真是中了大奖了。

相反，有一些实验，无论得到什么样的结果，都不会对相关假说产生任何影响。这就是我们所说的"坏实验"。由于其设计的缺陷，导致这种实验的所有可预见的结果，适用于任何一种假说。在不同的情况下，可以用不同的假说进行解释，对现存的假说没有任何的鉴别力。

在某些学术会议和等级较低的学术杂志中，这种"坏实验"无处不在。这些实验的产生，可能就是因为研究者沉迷于自下而上的实验思路，却不对前人的假说进行仔细的研究，草率地进入实验实施环节而导致的吧。不过，被洛戈塞蒂斯指称"Bull Shit"的，并不是这类可有可无的实验。

学术杂志的等级

现在，我们将向大家介绍学术杂志的等级。在学术界有用于判断杂志重要程度的标准，我们称之为"影响因子"（impact factor）。影响因子是通过一篇期刊论文大致被引用的次数计算而得的。例如，一本杂志的影响因子为 30，那就意味着刊登在这本杂志上的单篇论文的平均引用次数约为 30 次。对于不同的杂志来说，影响因子的数值跨度很大，低至 0.2，高至 60。现存学术期刊的质量是良莠不齐的。

因此，各种各样的学术期刊，都会努力提升哪怕是一点点的影响因子。杂志的编辑对能够获得高引用次数的研究成果很敏感，生怕被其他杂志抢先发表。并会督促和倡导研究者多投这种类型的稿件。希望通过这种方式保证杂志的质量。相反，那种没有知识性创新的论文，即"坏实验"，由于被引用的可能性很低，因此不会被等级较高的杂志接受。

发表论文的质与量是一位研究者在学术界的名片，因此影响因子受到重视就是无法避免的事。然而，我们也要注意到，它也带来了许多不好的影响，我将在后文向大家具体介绍。

"普通的实验"的陷阱

那么，我们如何从"坏实验"上升一个等级，成为"普通的实验"呢？其实，这并不是一件很难的事情。只要我们能够认识到"坏实验"的存在，不陷入那种自下而上的实验设计思路，能够对自己的研究计划进行冷静客观的评估就可以。

首先要做的是与自己的实验思路保持一定的距离。可以先离自己的实验思路远一点，让自己从那种自满的陶醉感中慢慢冷静下来。或者，如果能做到的话，强迫自己暂时先将它放在一边。然后，对这个实验可能的结果进行一一列举。并思考这些结果是否已经被验证过。如果这种可能性很大，那么就应该对实验的条件进行调整，来避免这种情况。通过反复进行这一连串的操作，就能够提升实验对不同假设的检验度。最终获得通过得到不同的结果，可以对不同的假说产生影响的实验条件。总而言之，就像一个猎人在打猎前要对结果进行事先盘算，计算好什么样的皮毛能够卖个好价钱，再进行捕猎。

然而，这里存在一个巨大的陷阱。洛戈塞蒂斯正是在德国的一隅，对落入这一陷阱的研究者疾呼"Bull Shit"。

对于"普通的实验"来说，其危险性主要在于研究者（卖家）已经知道哪块皮毛可以卖得高价。所以，研究者在实际开始实验前，就只期待特定结果的出现。而这种期待本身就会产生令人意想不到的恶果。虽然研究者们不至于为此伪造实验数据，但为了获得想要的结果而对实验条件进行肆意变更的却大有人在。

例如，有一位著名的自然科学领域的科学家，在很长一段时间里坚定地支持某一假说。他提出的这一假说，其核心部分有一个重要现象，并且以这个现象的机制为前提，发表了许多重要的论文。

问题在于，这一重要现象，只在有限的实验条件下才会发生。当然，如果此时对这一理论假说的适用范围进行限定后再提出，就没有什么问题了。但事实上，研究者却以普适性原理的方式提出了这一假说。备受其他研究者指摘的最大问题是，他对不符合预期的结果进行了操纵。在这位科学家带领的实验室中，有成员发现改变刺激条件后，这一关键现象就会消失的问题。但这一结果却"未经允许，不得发表"。

值得庆幸的是，其他研究机构的研究者也察觉到了这一问题，并将其他实验条件下的不同结果整理成论文发表了出来。虽然会有延迟，但科学本身具有自净作用，能够矫正研究的方向。只是，在一段时间内，科学研究的方向被扭曲，浪费了大量的预算与资源，并且毫无疑问地使年轻的研究者遭受了不公平的待遇。

在这件事情里，就体现了影响因子的弊端。为了维持自己的名誉与科研预算，研究者不得不持续地在高影响因子杂志上发表论文。甚至对于初出茅庐的青年研究者，一篇高影响因子的论文，会极大地左右其日后的职业生涯。从而，唯结果论的"普通的实验"就会受到"心魔"的影响。

洛戈塞蒂斯的"Bull Shit"说的正是这些落入了"普通的实验"的陷阱的研究者。并且，在英语中"Bull Shit"还经常包含对伪装和谎言的指责。

不过在这里，需要说清楚的是，只要没有发生研究舞弊行为，"普通的实验"本身是没有什么问题的。接下来要向大家介绍的"好实验"，是一种即使你有好的研究思路还不够，如果没有良好的资源和足够的预算，实行起来也是困难重重的实验。所以，研究者应该首先在"普通的实验"中努力获得好的成果，在获得了资金与人才等条件后才能获得向"好实验"发起挑战的权利。

为了"好实验"

读到这里，想必大家对于"好实验"是什么样，已经有了一个大致的想象了吧。"好实验"指的是无论得到何种实验结果，都能够获得重大的知识创新的实验。有幸被眷顾的研究者，只需要坦率地倾听研究对象的声音，忠实地将其记录下来就可以了。

理所当然地，"好实验"的研究创意是自上而下的。首先有一个问题，实验方法不过是解决这一问题的手段。如果市面上没有现存的解决这一问题必要的实验方法，那么就需要研究者自行开发。"好实验"会花费大量的金钱和时间。这与"普通的实验"的研究过程——将手头上已有的实验工具进行组合后，等待运气的眷顾——具有本质差异。

另外，"好实验"有一个令人生畏的地方。那就是由于前无古人，因此这一研究思路究竟是否能够作为实验成立，这一点是无法得到保证的。"无论结果如何，都能够获得重要的知识创新"——真要达到这一点，其前提是能够满足对应的实验条件。如果达不到这一前提，无论花费多少金钱与时间，最后都只会变成水中幻影。

然而，如果一切都能顺利进行，那么最终的回报也是非常丰厚的。许多时候，甚至会因此诞生新的研究领域。若将科学比作一片树林，这样的研究并不是为其添枝加叶，而是直接栽种了一棵树苗。"好实验"不仅对研究者自身意义重大，还会对后继者的研究创新起到督促作用，是一种具有利他性的行为。

关于实验的前情提要，介绍到这里就差不多了。让我们将话题向前推进一步。接下来，我想为大家介绍洛戈塞蒂斯的成名作。这一成名作揭开了意识科学的序幕，并创造了包括笔者在内的众多研究人员赖以谋生的职业。

意识与无意识的筛选

想要捕捉与意识相关的神经元活动究竟需要什么？如果我们使用麻醉剂使动物呈现无意识状态，神经元依旧会对视觉刺激进行反应。甚至，在脑科学的黎明期，大多数实验都是在麻醉的情况下进行的。大脑的视觉区域在麻醉状态下能够表现出的反应，多到最终形成了这样的实验设计。

因此，有必要使用某种方法，将这种在麻醉状态下也会产生的神经活动与意识相关的神经活动区分开来。

能够使之分离的就是知觉交替刺激。知觉交替刺激，顾名思义是指随着时间变化知觉也会随之交替的刺激。请持续注视图 2-1 中的尼克立方体一段时间。在几秒后，深度知觉会发生改变。鲁宾瓶也是如此，在一段时间后，图形与背景会发生转换，我们一会儿看到瓶，一会儿又会看到面对面的两张人脸。

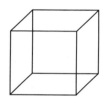

图 2-1　知觉交替刺激
尼克立方体（左）和鲁宾瓶（右）

而且更有趣的是，这两种知觉是不会同时成立的。立方体的一个面既在前面又在后面的情况我们是感知不到的，同样我们也无法同时看到脸和瓶。我们能够知觉到的，只是在某一瞬间成立的其中一种。

知觉交替刺激被研究者所重视，是因为它能够做到在刺激本身不发生任何变化的前提下，引起感觉意识体验的交替变化。因为刺激没有发生变化，所以在麻醉状态下持续作用的、那些与意识无关的视觉加工，应该在一定程度上是保持不变的。相反，如果发现了与知觉交替联动的大脑活动，很有可能就是与意识相关的神经活动。

知觉交替刺激——双眼竞争

在众多知觉交替刺激中，最强烈的要数在第 1 章中就介绍过的双眼竞争。

双眼竞争任务最大的特征是个体看到的图像会被完全不一样的图像所替代。在其他知觉交替刺激中，一般都是线段或面的形状保持不变，深度或者"图像与背景"的解释等次要的属性发生交替。而在双眼竞争中，所有的属性都会发生改变。当个体能够看到一边的刺激时，另一边的刺激会从意识中完全消失。对于研究意识的神经机制来说，没有比这更好的刺激条件了。

我在长年持续地进行意识的研究中，曾被略带挑衅地问过这样的问题："对于一个没有明确定义的概念，你是如何展开研究的呢？"这时候我就会拿出双眼竞争这样的证据摆在他的面前。

向双眼呈现的两种刺激毫无疑问都输入了大脑。并且，正如后文会提到的，无论是看到的一边还是看不见的一边，都转化为了神经活动，进入了大脑的深处。在此，我想要探究的是"从神经活动上升到意识的充分必要条件"是什么？

寻找意识的下落——洛戈塞蒂斯的挑战

1986 年，未满 40 岁的洛戈塞蒂斯有了一个想法。他想用猴子做被试进行双眼竞争任务，并试图测量这个过程中猴子的神经元活动。实验的理论是非常简单的：通过探索与猴子的知觉交替联动的神经元活动，最终找到大脑中意识所在的地方。

然而，这个实验也伴随着巨大的风险。首先，猴子是否能够像人一样体验到双眼竞争是不明确的。其次，就算能够体验到，又是否能够准确地报告出知觉交替呢？

有时候，研究就像投资，高收益伴随高风险。你是否有胆量冒这样的风险？还要权衡自己作为研究者的职业生涯。当时的洛戈塞蒂斯是一位在美国贝勒大学刚刚建立了实验室的新进研究者。如果在几年的时间内未能获得成果，就会失去职位。

摆在他面前的一大困难是猴子的急性子。最好的情况是，能够"啪"的一下呈现刺激，"啪"的一下完成判断，如果判断正确的话，立即给予作为奖励的果汁。如果能够掌握好情绪的节奏来进行实验，那么猴子就能够保持注意力，完成很多试次。相反，如果一个个试次拖拖拉拉地进行，又很难获得奖励，就会导致猴子心情不好，实验难以进行。

另外，人在体验双眼竞争时，大约 2~3 秒会发生知觉的交替。如果猴子发生知觉交替的时间与人的差异不大，那么想要产生几次知觉交替，就需要 10 秒左右的时间。而这短短 10 秒却是一个大麻烦。按照实验的设计，在 10 秒钟内，猴子需要为了最后能够获得奖励持续地按压操纵杆，反馈知觉结果。在当时，超过 10 秒的实验程序属于完全未知的领域，有可能花费几年的时间也无法将猴子训练成功。一些科学家替洛戈塞蒂斯的前途担忧，甚至试图劝阻他进行这一挑战。

但是，洛戈塞蒂斯却不顾周围反对的声音，专心投入到训练猴子中去了。首先要进行的训练是，让猴子学会持续地盯着画面上的一个点。关于这点，我们在后面会进行说明，这与大脑的视觉区域的"网膜坐标依赖性"有较深的关系。当在画面中出现一个光点，要求猴子在光点消失前保持注视。如果能够做到，就给猴子奖励。训练从零点几秒的短时间开始，逐渐延长。即使是这样一个简单的任务，训练时间都要以周为单位。

其次进行的训练是区分两种不同的视觉刺激。使用两个操纵杆（图 2-2），训练猴子学会，当看到一边的刺激时推倒左侧的操纵杆，看到另一边的刺激时推倒右侧的操纵杆。在这一阶段，向双眼呈现的是同样的刺激，将两种刺激交替呈现，从而模拟双眼竞争下的知觉交替体验。之所以不在一开始就使用双眼竞争任务，是因为无法判断这个时候猴子究竟是在准确地报告知觉结果，还是仅仅在摆弄操纵杆。在双眼竞争条件下，猴子看到的刺激也只有猴子自己知道。模拟刺激的呈现时间也从不足一秒的长度开始，渐渐延长。最后猴子只有在一次次的刺激交替时都进行了正确的操纵才能获得奖励。

图 2-2　猴子的双眼竞争实验

猴子能够体验到双眼竞争吗？

在这个研究项目开展三年后，终于有一只猴子能够完成 10 秒以上的模拟刺激的知觉报告任务。到了决定命运的时刻，猴子究竟能否像人类一样体验到双眼竞争？

洛戈塞蒂斯对呈现刺激的程序进行了修改，向猴子呈现双眼竞争刺激。结果发现猴子开始以一种独特的不规则节奏推倒左、右操纵杆。

这种独特的不规则节奏，后来拯救了洛戈塞蒂斯。那么猴子究竟是否体验到了双眼竞争呢？我们无法仅仅通过猴子交替操作了操纵杆，就说明发生了知觉交替。虽然两种刺激是混合的，但有可能只是比例发生了变化。

事实上，如果两个知觉混在一起的话，整个研究就分文不值了。

这是因为，探寻与意识相关的大脑活动的实验逻辑是，当呈现给一只眼睛的刺激被看见时，另一只眼睛所看到的刺激应该完全从意识中消失。

但是，洛戈塞蒂斯已经提前想到了这一问题。在训练阶段，向猴子的双眼呈现了将两种刺激混合在一起的新刺激。在这种情况下，只有猴子的双手都离开操纵杆才能获得奖励。如果在双眼竞争条件下，猴子所知觉到的是两种刺激的混合，研究者就可以通过上述训练结果发现。相当于为实验增加了一层保险。值得庆幸的是，这不过是杞人忧天罢了，在实验过程中，猴子的双手几乎没有同时离开过两个操纵杆。

在那一刻，意识科学的研究向前迈进了一步

然而，科学的世界并没有那么容易。踏入前人未涉足过的领域，周围的目光也会变得愈发严格。如果想要通过猴子的双眼竞争任务对意识展开探索，那么真实地发生了知觉交替，就是整个研究绕不开的前提条件。前面谈到的双手同时离开操纵杆的这一"保险"，并未能使周围的人心服口服。他们的观点是，无法排除在实验中出现了与训练时不同的、预想之外的混合方式。在这种情况下，却无法保证猴子会同时推倒操纵杆。如果是人类的话，可以通过口头报告的方式，而猴子却不行。

在这样艰苦的情况下，洛戈塞蒂斯手握的武器，就是之前我们提到的"独特的不规则节奏"。这个节奏的特征就是没有节奏，与人的节奏十分相似。

从前一知觉的持续时间到下一知觉的持续时间之间完全没有任何的规则。换言之，前一知觉持续时间或长或短，都不会影响后一知觉持续的时间。在这种没有规则的节奏中，还发现了一个特征，幸运的是这一特征也与人类的表现相符。大多数知觉的持续时间都比较短，偶尔会出现一个持续时间较长的知觉现象。

就像这样，在猴子的知觉报告中找出了各种各样与人类一致的特征。如果说这完全是另一种知觉现象偶然间导致的相同结果，这种可能性也太小了。更为合理的推测是猴子和人都体验到了双眼竞争。

终于，到这里，实验的条件都准备充分了。接下来只需要将电极插入大脑，就能够触及意识的大脑机制——这个从希腊哲学时期以来，在几千年时间里让学者们可望而不可即的问题。

事实上，后来的洛戈塞蒂斯几乎是所向无敌的。每当在双眼竞争中测量一个新的视觉部分，洛戈塞蒂斯就会大大改变意识的科学研究史。

虽然很想马上向大家介绍这些研究的成果，但在那之前，需要向大家介绍一下大脑的视觉处理过程。首先，让我们先来看看两位荣获诺贝尔奖的科学家的研究成果。

胡贝尔与维泽尔

从洛戈塞蒂斯的实验往前回溯三十年，加拿大的戴维·胡贝尔（David Hubel）和瑞典的托尔斯滕·维泽尔（Torsten Wiesel）在美国巴尔的摩的约翰斯·霍普金斯大学幸运地相遇了。他们在分别获得博士学位后，被斯蒂芬·库夫勒（Stephen Kuffler）的实验室聘为研究员。

当时，两人的老板库夫勒在视网膜的研究中取得了许多优秀的成绩。在保留了整体眼球的条件下，成功测量了视网膜上对光进行反应的细胞（视细胞）。这一实验的成功，使得研究者能够像活体动物的眼睛观察刺激一样，向视网膜呈现视觉刺激（图 2-3）。

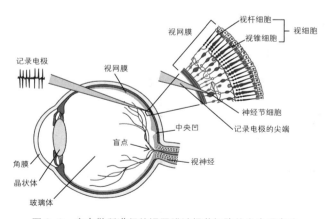

图 2-3　库夫勒所进行的视网膜神经节细胞的电生理实验

对库夫勒的发现进行概括总结可知，在视网膜上有两种类型的视细胞，包括对亮点进行反应的中心型和对暗点进行反应的非中心型（图 2-4）。如果在偏暗的同心圆状的圈中存在明亮的区域，就会提升中心型细胞的活动程度。相反，在明亮的同心圆的圈中存在偏暗的区域，会提升非中心型细胞的活动程度。

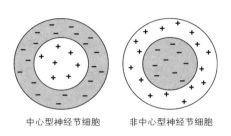

中心型神经节细胞　　　　非中心型神经节细胞

图 2-4　视网膜神经节细胞的视觉刺激应答特性

胡贝尔与维泽尔在库夫勒的指导下，展开了对初级视皮层的考察。初级视皮层是视觉信号进入大脑皮层的入口（图 2-5）。

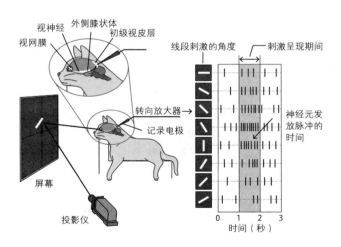

图 2-5　胡贝尔和维泽尔进行的猫的初级视皮层的电生理实验

二人将猫麻醉后，在初级视皮层插入记录电极。呈现的视觉刺激参照了库夫勒的研究，使用了亮点和暗点。然而初级视皮层却丝毫没有反应。这一过程被胡贝尔详细地记录在了回忆录中，我向大家介绍一下。

就这样持续地做了一个月的实验，但初级视皮层的神经元却没有表现出任何活动。好像对投影在屏幕上的亮点和暗点没有任何的反应。就在这种情况下，突然有一天完美地捕捉到了一个神经元的活动。原本无论是坚持三个小时还是四个小时，都无法从监控点火过程的扩音器上发现研究者想要的反应。但当我们转换思路，将刺激从视野的一边移动到另一边时，发现了神经元发出的微弱反应。我们改变了刺激，当刻了"暗点"的玻璃板被放入投影仪的那一刻，神经元的点火声犹如机关枪一样在实验室中响起。究竟发生了什么？当我们换一个方式进行尝试后，发现点火并不是由"暗点"导致的。而是因为在向投影仪中插入玻璃板的过程中，在屏幕上形成了一个模糊的线状的黑影。初级视皮层并不是对亮点或暗点进行反应，而是对线状的刺激进行反应。就这样，终于，初级视皮层在我们面前展现出了它的真面目（著者译）。

这就好像伟人故事中常会出现的情境一般，幸运女神向二人露出了笑容。然而，其实有可能并不是女神向伟大的研究者露出了笑容，而是因为女神笑了，所以他们才变得伟大。一想到那些无限接近这一发现却最终与正确答案失之交臂的研究者们，我就不禁会冒出这样的想法。

那些研究者就是在德国弗莱堡建立了实验室的理查德·荣格（Richard Jung）等人的研究小组。他们早在胡贝尔和维泽尔进行实验的 7 年前——1952 年，就成功测量了初级视皮层的神经元。并且，为了能够呈现各种各样的刺激，花费了几年的时间组装了一台大型刺激呈现装置，并且直线刺激也在其中。然而，在进行了长达 10 年的实验测量后，依旧未能找到正确答案。

据荣格所说，那台大型装置完全没有灵活性，连线段的倾斜度都无法进行调整。但其实胡贝尔和维泽尔只准备了亮点和暗点作为刺激条件。仅仅因为某一天玻璃板和投影仪偶然导致了线段的倾斜。荣格输掉了这场竞赛。

直线刺激的意义

在视网膜对"点"进行反应的神经元，在初级视皮层却只对"线"进行反应。在某种程度上来说这是一个非常简单的发现，为什么却具有划时代的意义呢？这个答案就藏在他们的实验装置之中。

二人在当时采用亮点和暗点等"点"作为刺激材料是有其必然性的。在当时，脑科学界的研究者默认的共识是，初级视皮层的反应特性与视网膜的反应特性应该是一致的。

不过，大脑实际上在信息从眼球到初级视皮层的传递过程中就已经逐步在进行信息的处理了。如果将视网膜的视觉表达类比成新印象派绘画的点描法，那初级视皮层就好比宫崎骏所绘的漫画一般，变成了由细线组成的更精细的素描。

也就是说，胡贝尔和维泽尔的核心发现是，用实验证明了大脑的视觉表达是时刻变化的。

然后二人将研究所的所长邀请到实验室，提出应该将这一研究结果作为具有诺贝尔奖级别的重大发现尽快发表。然而，一言九鼎的所长的反应却是"对线段反应已经明白了，但反应潜伏期（从呈现刺激到发生神经元活动之间的时间延迟）准确地测量出来了吗？你们差不多应该开始做更适当的大脑生理学实验了"，对此表现得相当冷淡。因此二人的发现，虽然领先于时代，却只成为一段小插曲。

神经元的电话调查*

那么，究竟是在什么时候，大脑中的"点"信号转变成了"线"

---

* 这里的电话调查特指在选举时会通过打电话对候选者支持率进行调查。——译者

信号呢？让我们来回顾一下在第 1 章中介绍的神经元的活动。

大脑的信息传递员是电脉冲（图 1-7B）。神经元在接收了电脉冲信号后，根据突触的应答反应，添加正向或负向的权重。如果合起来的结果大于特定值（阈值），就会引发自身的电脉冲输出（点火）。

如果我们将神经元活动的这一过程看作是电话调查的话，每个神经元与几个神经元之间都会存在专门的电话线路，并且会以特定的时间间隔，从对方处获得回答。

每个回答都取决于对方神经元是否发生点火。在发生点火的情况下，答案是"1"，未发生点火则是"0"。这个答案又会与传送答案的神经元的突触应答的大小相叠加（答案与突触的传递效率相乘），最后算出来的数值再与阈值进行比较，就会得出电话调查的最终答案。答案的计算方式与一些政党的代表选举类似，国会议员、地方自治团体议员与支持者，不同的人投的票，其分值是不一样的。

那么，使用这种简单的方式进行了调查后，究竟能得出什么样的结论呢？最终的关键因素是电话专访和计算答案的突触应答的大小。下面举两个具体的例子来向大家说明。

樱花前线在哪里？

首先，我们以春天纵贯日本的"樱花前线在哪里"为题，进行两阶段的电话调查为例。

第一阶段的电话调查，是针对县内多数家庭的，询问他们住所附近的樱花是否盛开（图 2-6A）。对于这些居民的答案，如果樱花开了，记为"1"，樱花还没有开的记为"0"。每个答案的权重设为"+1"，这样合计得到县内樱花盛开的比例。在这个基础上，每个调查统计员（神经元）的阈值设定成调查到的家庭数的一半（图中的数字"3"），县内的樱花是否半开，作为每个调查统计员的输出结果。这样的统计结果，县内一半以上的樱花盛开记为"1"，否则记为"0"。

第二阶段的电话调查所针对的对象，是第一阶段各县的调查统计员（图 2-6B）。进行调查的范围是几个相邻县组成的一个地区。统计时的关键点有二。第一，将地区南侧的县的答案计为"+1"，北侧县的答案计为"-1"。并将所有答案相加。第二，将担任地区调查统计员的阈值设定为略小于整个地区的县的数量（图中的数字"2"）。那么就能通过调查统计员的输出结果，对樱花前线是否经过了这个地区进行表示。在图 2-6B 的示例中，只有中部地区的统计员的输出为"1"，其他地区的输出都为"0"。

在第二阶段的电话调查中，有一点是需要额外注意的。由于日本位于北半球，因此该统计巧妙地利用了樱花从南向北依次开放的特点。如果在一个地区中，完全没有樱花开放，那么该地区所有县的回答都会是"0"，合计也是"0"。如果所有县都开花了的话，南部的正数就会和北部的负数相互抵消，合计也会是"0"。只有当南部的县开花、北部的县未开花这一种情况的合计为正数。

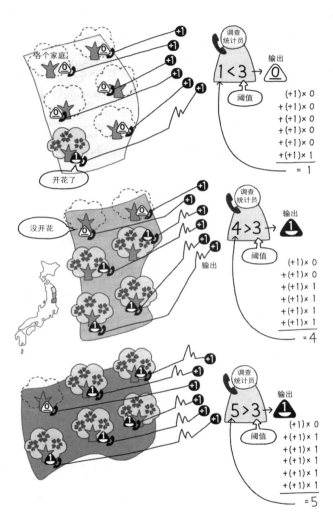

图 2-6A　神经元的电话调查之一：樱花的开花率调查

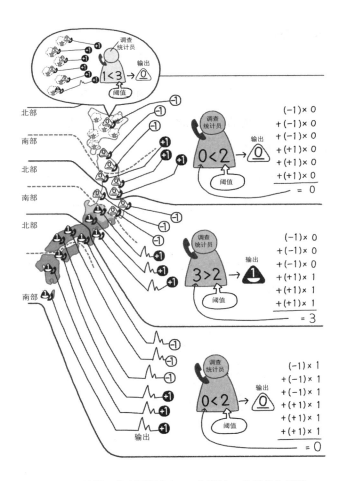

图 2-6B　神经元的电话调查之二：以调查一的结果为基础，
进一步对樱花前线已经过的地方进行调查

因此，能够按照这个逻辑通过电话调查实现对樱花前线的考察，既要符合日本位于北半球，因此樱花会从南向北依次开放的条件；还要对电话专访结果的相加方式进行巧妙设置。

大脑中的电话调查

大脑中的神经元的信息处理也与樱花前线调查相同。专线电话的电话调查，就好比关键的神经元之间突触的结合与否以及反应大小。

让我们借鉴胡贝尔与维泽尔的一篇经典论文中的插图（图 2-7）来进行说明。相比于只对几个亮点进行反应的神经元（亮点神经元），对线段进行反应的神经元（线段神经元）能够对直线的形状产生正性的突触结合。

为了让问题变得更简单，我们先假定亮点神经元就如图 2-7 中一般排列在视网膜上。

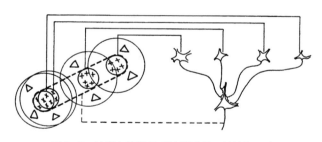

图 2-7　从亮点神经元到线段神经元的神经回路

左侧表示的是几个亮点神经元的视觉刺激反应特性（中心型）排成一条直线的样子。右侧下方的线段神经元接收了这些亮点神经元的正性突触输入后对呈现的线段进行反应（Hubel & Wiesel, 1962）。

如果此时，你家的房子出现在你的眼前，会发生什么呢？首先，光会通过晶状体在视网膜上形成房子的图像（图 2-8）。其次，沿着这一图像轮廓的亮点神经元会全部开始点火（在这里我们假定房子的轮廓是亮的）。

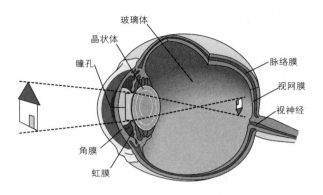

图 2-8 外界视觉刺激在视网膜上形成的上下、左右翻转的图像

　　如果发生点火的亮点神经元，都向同一个线段神经元进行了正性的突触输入。那么这个线段神经元就会产生大量的电脉冲。若输入的合计值超过了阈值，这个线段神经元就会发生点火。

　　如上文所述，假定亮点神经元位于视网膜，再借助胡贝尔与维泽尔的图 2-7，大脑中的线段神经元就能够实现对外界线段刺激的反应。在实现这一功能的过程中，晶状体的镜头作用是必不可少的。它使得投影到视网膜上的外界信息的方位和空间关系准确无误。

　　虽然在真实的情况下，与初级视皮层进行神经连接的线路并不是从视网膜开始的，而是在视网膜之后，还通过了一个被称为外侧膝状体（LGN）的大脑区域，才连接到初级视皮层的（图 2-5）。

　　并且，初级视皮层并不是大脑进行视觉信息处理的终点。在这之后，还有几个视觉区域会相继对信息进行加工处理。

大脑视觉区域的视网膜坐标依赖性

为了了解真实的情况。接下来向大家介绍一个稍微有点残忍的实验。这个实验的目的是直接考察外界的二维位置关系与大脑视觉区域的空间关系之间的联系。

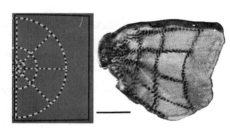

图 2-9　猴子的初级视皮层的视网膜坐标依赖性，右图下方的线段长度为 1 厘米
（修改自 Tootell et al., 1988）

首先，让猴子观看1~2个小时的半同心圆状的条纹图案（如图2-9左）。比较特殊的是在这个时候需要对猴子进行麻醉，完全停止其眼球运动。然后，令半同心圆的中心与注视点重合。这样，在视网膜上，就只有固定的部分会持续地接受刺激。

在完成了上述步骤之后，将猴子处死。并取出大脑进行特殊处理。通过这个处理，能够对猴子活动性增高的神经元进行染色。

图 2-9 右图就是采用了这一方法处理后，猴子的初级视皮层神经元的运动痕迹。半同心圆的刺激形状完美地在大脑中浮现了出来，就像复印机复印出来似的。刺激呈现在大脑中说明外界的位置关系被大脑保留了下来。

　　像这样，外界的二维位置关系被保留在视网膜中的这一特性被
称为"视网膜坐标依赖性"。

　　而且，包含初级视皮层的大脑皮层就像它的名字一样，是一层
薄薄的皮，厚度只有几毫米（图2-10B）。而大脑之所以会有许多褶
皱，是为了在狭小的头骨中容纳更多的面积，因此将大脑皮层紧紧地
折叠在了一起。如果将这些褶皱展开，我们的大脑皮层将有一张报
纸那么大。

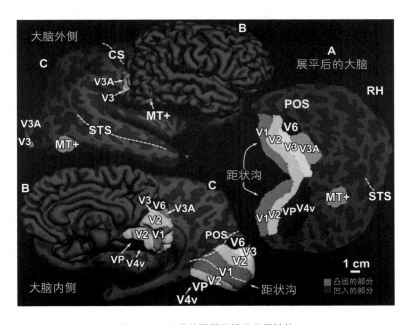

图2-10　人类的视觉区域的分层结构

　　左侧的两幅图分别是大脑皮层折叠时大脑原本的样子（B），与使用特殊软件将其
鼓胀后的样子（C）。左上的两幅图是从大脑外侧观看的样子，左下的两幅是从大脑内
侧观看的样子。右侧（A）是沿初级视皮层正中间的距状沟切开后，将大脑展平的样子。

在图 2-10 中展示的是使用了特殊的软件，将人类大脑皮层展开后的样子。灰度不同的部分代表着各自独立的视觉区域。在每个视觉区域都会各自存储一个来自半分视野的、整体的二维位置关系。这种每个视觉区域有各自的坐标依赖性的特点，为神经线路的布置提供了便利性。

那么视网膜坐标依赖性究竟是如何实现的呢？首先，需要在视网膜上形成与外界一一对应的位置关系。将这一位置关系向后面的视觉区域传递并不是一件太困难的事情。只要在各视觉区域之间"直接"联通线路就可以了。事实上，各视觉区域之间的神经元轴突，的确是没有纠缠地、整齐地依次排列在一起的。

并且，在视觉区域之间"直接"联通的线路，是在人类出生之前就形成的。从一个视觉区域延伸到另一个视觉区域的过程中，化学物质的诱导，决定了神经元轴突的生长方向。随着化学物质一点一点地变化，一个视觉区域中负责某个视野区域的神经元群，会与另一个视觉区域中负责同一个视野区域的神经元群进行线路连接。就这样，最终实现通过轴突直接联通相邻视觉区域中对应视野区域的神经元群。

【专栏 2-1】视网膜坐标依赖性是否是视觉加工所必需的？

严格来说，即使在大脑中不保留外界的位置关系，只要神经元之间的突触结合过程足够复杂，依旧可以实现现有的功能。想一想电话调查的过程就能够理解这一点。因为神经元处理信息的本质是——允许某些神经元进行信号输入，向某些神经元进行信号输出。只要这一本质不变，无论神经元本身在大脑的哪个位置，都不会影响其功能的实现。

　　但是在现实中，是不可能允许"足够复杂"的线路连接的。因为线路越复杂，占用的空间就越多。本来在大脑中线路就已经占据了大量的空间，如果进一步增加，就会变得十分不经济。

　　以大脑皮层为例，包含神经元的细胞体和树突的灰质仅占大脑表层的几毫米。剩下的白质就是连接大脑各个部位的轴突。在视网膜坐标依赖性的规则下，将线路进行整理，使得附近的神经元之间能够共同使用一些线路。即使这样大脑中依旧充斥着大量的线路。

视觉区域的阶段性和神经元反应特性的复杂化

　　正如胡贝尔与维泽尔提出的理论一样，从视网膜到初级视皮层，神经元的反应特性（对何种视觉刺激进行反应）由点变成了线。那么在初级视皮层之后，神经元的反应特性又发生了怎样的变化呢？

　　大脑的视觉加工过程如图 2-11 所示，可以大致分为腹侧通路和背侧通路。根据已有的研究结果，我们知道腹侧通路主要是对视觉对象的形状进行加工，而背侧通路则主要对视觉对象的运动和位置进行加工。接下来，让我们仔细看一看腹侧通路。

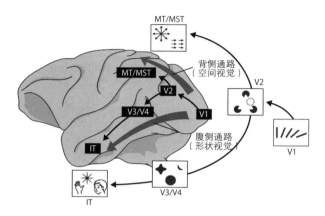

图 2-11　猴子视觉皮层的背侧通路和腹侧通路的刺激反应特性

沿着腹侧通路，我们发现，通过初级视皮层（V1）、V2、V3 和 V4 后，最终到达的是被称为下颞叶（inferior temporal, IT）的视觉区域。腹侧通路神经元的反应特性如下。

V2 依然进行的是对以直线为基础的反应。与 V1 相比，没有表现出特别明显的变化，只是对在第 1 章中提到过的霓虹色扩散（图 1-3）和卡尼莎方形（图 1-5）一样的虚幻的轮廓线（主观轮廓线）的反应比较强烈。

接下来在 V3 和 V4 中，神经元的反应特性发生了明显的变化。不同神经元开始对角、曲线、线段的交叉等产生反应。

甚至在最高级的 IT 区域，出现了只对脸或手等特定视觉对象进行反应的神经元。但这些都是少数，已有的研究发现，更多的神经元进行反应的对象是如图 2-12 中所示，中等复杂程度的形状。发现这一点的是日本理化学研究所的田中启治、程康，以及大阪大学的藤田一郎。他们将这些中等复杂程度的形状命名为图形字母表。

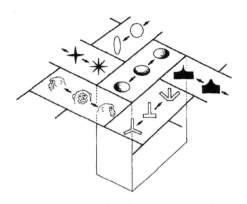

图 2-12　图形字母表（Tanaka, 1996）

图形字母表这个名字源自他们的假说。就如同构成单词的英文字母一样，IT 的神经元也将"一个视觉对象，拆分成几个部件进行表示"。这个"图形字母表假说"也基本获得了实证研究的支持。根据这一假说，在加工不同的视觉对象时，可以更好地重复利用神经元，所以能够减少进行视觉表征所必需的神经元的总数。并且，在加工新的视觉对象时，可以通过重新组合部件，进行灵活应对。

事实上，在刚刚发现对面孔和手有特异反应的神经元的时候，研究者感到十分惊讶。因为如果我们的大脑对每一个看到的视觉对象，都要准备专门的神经元，那么就算有再多的神经元也是不够用的。并且，按照这个逻辑，每当出现一个新的视觉刺激，就不得不分配新的神经元专门加工这一刺激，这样下来就需要花费很长的时间。这会极大地限制大脑的视觉加工过程。

前文讲到的图形字母表假说，能够合理地解决这些问题。因此，这一假说现在也被广泛地接受了。

在本节的最后，请大家再思考一下，从初级视皮层到 IT 的反应特性是如何变得越来越复杂的。当大家理解了各个视觉区域都拥有视网膜坐标依赖性后，对这个问题的理解就会变得容易很多。从眼球到初级视皮层，神经元的反应特性也从点变为线，变得能够对更复杂的视觉刺激进行反应。如图 2-13 所示，如同电话调查的要领一般，从前面的视觉区域向后面的视觉区域，好好地利用电话专线传递信息，就能够成功实现这一功能。

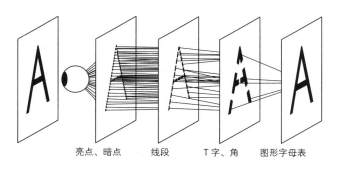

亮点、暗点　　线段　　T 字、角　　图形字母表

图 2-13　实现视觉刺激反应特性的复杂的神经回路

神经元反应特性的另一个变化：泛化

随着视觉加工区域从低到高，神经元的反应特性在变得复杂的同时，还伴随着另一种变化，那就是反应的泛化。

反应的泛化，一言以蔽之，指的是神经元的反应变得"马虎"了。以线段的角度为例，反应的泛化指的是，当线段的角度稍微发生倾斜，神经元就会发生点火。越是高级的视觉区域，泛化的程度就越高，神经元也就变得更"马虎"了。

作为腹侧通路最高等级的视觉区域 IT 的泛化是非常明显的。IT 的"脸神经元"无论是对脸的彩色照片或图片，又或是猴子或人的脸，只要对象是脸就会进行反应。并且，研究者还发现了神经元对脸部朝向的泛化。无论是正脸还是侧脸，或是稍稍侧过去的脸，神经元都会做出同样的反应。另外，IT 的反应泛化情况不仅仅出现在针对脸与手的神经元上，对图形字母表反应的神经元也同样出现了泛化。视觉刺激稍微发生变形，也不会影响神经元的反应。

除此之外，视网膜坐标依赖性也会发生泛化。视网膜坐标依赖性是指每个神经元都会在视网膜上存在对应的"守卫范围"，只有当守卫范围内出现了视觉刺激，神经元才会产生反应。这个守卫范围也被称为神经元的"感受野"。

感受野从低级区域到高级区域，会依次变大（图 2-14）。一个神经元在初级视皮层的视角仅为几分之一度，往后会越来越大，到了 IT 有些神经元的视角可以接近几十度。这里所提到的视角指的是将视野中的刺激大小，用目光的角度进行表示的指标。视角为 1 度指的是距离眼球 5~6 厘米的平面上，1 厘米的范围。

那么，这种泛化是如何产生的呢？在这里也让我们借用胡贝尔与维泽尔一篇论文中的插图（图 2-15）。

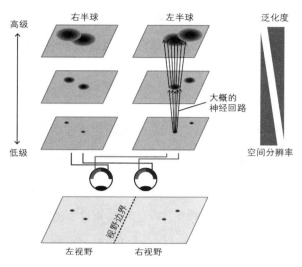

图 2-14　视觉区域的分层结构与大概的神经回路的样子

存在于各个视觉区域的圆形表示的是对外界狭小区域中呈现的视觉刺激，该视觉区域进行反应的范围（随着等级变高每个神经元的感受野会变大，反应范围也慢慢变大）。

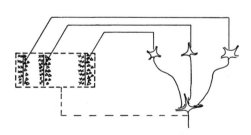

图 2-15　实现泛化效应的从简单细胞到复杂细胞的神经回路

左侧表示的是几个简单细胞的视觉反应特性（"线段"：直线的明暗边界）在外界横列的样子。右侧下方的复杂细胞接收来自简单细胞的正性突触输入，通过降低自身的阈值形成 OR 回路。这样，复杂细胞对"线段"的横向偏移实现了泛化（Hubel & Wiesel, 1962）。

二人在初级视皮层中发现了对线段位置的微小偏移敏感和不敏感的两种神经元。前者被命名为"简单细胞"，后者被命名为"复杂细胞"，图 2-15 所示是从简单细胞到复杂细胞的神经回路。

　　原理十分简单，如同逻辑运算中的 OR 运算符一般。一个复杂细胞能够接收来自多个简单细胞的突触信号，并将复杂细胞的阈值设定在较低的数值。只要相连的任何一个简单细胞发生点火，就能够引发这一复杂细胞的点火。

　　这一"OR 回路"的原理，不仅可以说明位置偏移的泛化，还可以说明我们之前提过的其他种类的泛化。

【专栏 2-2】神经元的反应特性是后天习得的

　　我们在前文中已经提到，视网膜坐标依赖性得以实现，离不开大脑中粗壮的神经回路。而这些神经回路是我们天生具有的。那么从"点神经元"到"线神经元"的神经回路，或者其他具有较高精度的神经回路也是天生的吗？又或者形成这样的神经回路，需要依赖于视觉信息的输入，是通过后天学习而产生的呢？

　　科林·布莱克莫尔（Colin Blakemore）和格雷厄姆·库珀（Grahame Cooper）为了回答这一问题，使用猫进行了一个有趣的实验。首先，将出生后的猫放在黑暗的环境中养育两周的时间。在这之后的 5 个月中，每天将猫放在竖条纹的环境中 5 个小时（图 2-16A）。在这以外的时间，依旧将猫放在黑暗的环境中养育。

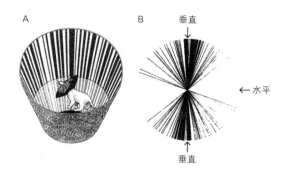

图 2-16　在只有竖条纹的环境下养育的猫（改编自 Blackmore & Cooper, 1970）

把猫放在竖条纹的环境中时，为了不让猫看到自己的身体形状，二人非常严谨地，如图 2-16 中所示，给猫戴上了围领。

图 2-16B 所示是 5 个半月后，猫的初级视皮层的神经元的测量结果。在对各个神经元进行了测量后，得出的反应最强烈的线段角度，在图中用一根根线段的角度表示。结果发现对接近垂直的线段进行反应的神经元居多。并且，对水平的线段进行反应的神经元完全不存在。

甚至，在猫的面前水平放置一根木棍，猫会好像看不见木棍一般被绊倒。

二人的实验证明了初级视皮层的线段神经元的反应，需要依赖外界环境的视觉输入，是通过学习获得的能力。换言之，像从"点神经元"到"线神经元"一样，对精度有较高要求的神经回路都是后天发展出来的。

从某个程度上来说这可能也是理所当然的。因为在大脑的发展过程中，通过产生化学物质对轴突进行诱导，这种方式也是存在极限的。在出生时，大脑的神经回路某种程度上是粗略地定下来的。

另一个相关的有趣知识是，布莱克莫尔与库珀所发现的、如此显著的效果只会发生在刚刚出生的小猫身上。用出生后几个月大的猫做被试，进行同样的竖条纹环境试验则不会得到这样的结果。

这一结果其实已经超出了视觉加工的范围，其中隐含了非常重要的意义。例如，为何小孩学一门外语相对容易？为何对于钢琴、网球等技能，如果不从小开始学就很难有所成就？又或者，能否开发出促使成年人在学习时大脑再次获得飞速发展能力的基因治疗方法？

在大脑的学习的分子机制越来越清楚的情况下，学习的"关键期"（critical period）成为脑科学的主要研究课题之一。

寻找意识之所在

前期准备工作终于完成了，接下来开始介绍洛戈塞蒂斯的实验结果。洛戈塞蒂斯首先瞄准的是腹侧通路的最高级区域 IT。

实验本身非常简单。将在进行双眼竞争实验的猴子的神经元活动记录下来，并与猴子的知觉报告结果一起分析就可以了。若发现某些神经元只对向双眼呈现的两种刺激中的一种有强烈反应，并且反应程度与知觉报告具有高度一致性，那么这些神经元就应该与意识有很重要的关系。图 2-17B 所展示的正是与知觉报告高度一致的神经元的例子。纵轴表示的是神经元的点火率（每一秒神经元的点火次数），与下面表示的猴子的知觉报告完全吻合。

A 是在训练时（上）和双眼竞争时（下）的知觉报告。其中上半部分和下半部分的右侧呈现的分别是，混合后的刺激与在双眼竞争中知觉到两种刺激混合时猴子双手离开操纵杆的样子（改编自 Logotheis, 1988）。B 呈现的是随着猴子的知觉报告，点火率发生显著变化的下颞叶神经元（改编自 Blake & Logotheis, 2000）。C 呈现的是各视觉区域中与知觉交替发生联动的神经元比例（改编自 Logotheis, 1988）。

但这只是个例，在针对神经元的测量实验中，主要目标是怎样得知大多数神经元究竟在做什么。或者说，有多大比例的神经元会发生与知觉报告的联动。为了解决这一问题，洛戈塞蒂斯花费了几年的时间，对几百个神经元进行了测量，终于了解到，在 IT 超过八成的神经元会与知觉报告发生联动（图 2-17C）。认为这代表了意识，是非常有可能的。

那么是否可以将 IT 认定为"意识之所在"了呢？"意识之所在"的最简单的定义是指，在那里呈现的信息是与感觉意识体验完全一致的。如果发现了这种一致的现象，那么，就只需要假定从神经元的活动到意识发生了某种机制转变，就足以说明意识的存在了。

因此，在这个意义上，IT 应该就是意识之所在了。而 IT 中剩余的百分之十几的神经元则与意识毫无关系，只是自顾自地、以固定的频率持续地进行点火。

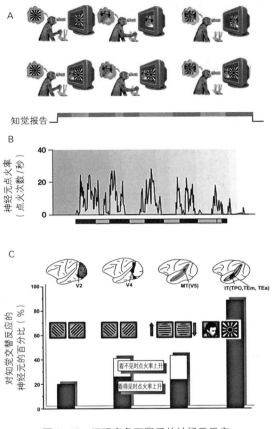

图 2-17　双眼竞争下猴子的神经元反应

　　另外一个很重要的事情是，即使在引发意识的刺激消失的瞬间，与没有呈现该刺激时相比，神经元的活动还是有所上升。而这一特征只有与知觉交替产生联动的神经元具有，且多数产生联动的神经元都具备这一特征。

　　虽然到达了腹侧通路的最高级区域，但在那里表达的视觉信息不过是在看得见和看不见中进行二选一。这与意识本身的信息有较大的差别。并且，无意识的信息还在其中占据了很大一部分。

这样看来，研究者不太可能在视觉区域中区分出意识与无意识的边界。因为即使在视觉通路的最高级区域 IT 中，意识与无意识也是共存的。

那么这种意识与无意识的共存，能否向前追溯到视觉通路的开端呢？又或者，较低等级的加工区域只负责处理意识的视觉加工，并不涉及意识的内容？

区分这两种假说的分水岭就是初级视皮层。

【专栏 2-3】意识与无意识的分界，真的存在"精英神经元"吗？

意识与无意识的边界是固定的吗？又或者是可以左右摇摆的吗？

确实有研究者雄心勃勃地试图回答这一问题。洛戈塞蒂斯的大弟子，现就职于美国国立卫生研究院的戴维·利奥波德（David Leopold），曾在马克斯－普朗克研究所与他的学生亚历山大·迈尔（Alexander Maier）一起进行了相关的研究（图 2-18）。

他们关注的是位于背侧通路高级区域中被称为 MT 的视觉区域（图 2-11）。根据以往的研究结果，MT 会对视觉刺激的运动信息进行反应。之前，洛戈塞蒂斯通过对双眼竞争中的神经元进行测量，发现了在这一区域与知觉交替发生联动的神经元约占总体的百分之五十。

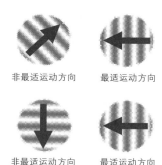

非最适运动方向　　最适运动方向

非最适运动方向　　最适运动方向

图 2-18　利奥波德等人在猴子的双眼竞争中使用的两组视觉刺激

将在测量中神经元的最适合的运动方向（神经元的点火率最大化的运动方向）的刺激呈现给右眼，同时准备了两种向左眼呈现的刺激（改编自 Maier et al., 2007）。

所以他们的研究想考察的问题是，这百分之五十的神经元究竟是不是固定的神经元。如果这个问题的答案是肯定的，那么对于某一意识内容，就应该存在如"精英神经元"一样，固定负责对其进行加工的神经元。如果答案是否定的，那么就应该出现随着刺激条件的变化，许多神经元轮流参与到意识的加工中来的现象。

为了回答这一问题，他们将实验条件设计成，使用不同刺激产生同样的意识内容。具体而言，向一只眼睛呈现的刺激是被测量神经元的靶刺激（反应最强烈的条纹图案的运动方向）。而向另一只眼睛呈现的刺激包括两种不同的刺激（图 2-18）。通过这样的设计，可以保证在能够被意识到的刺激保持不变的条件下，改变没有被意识到刺激。

实验结果发现，负责意识的神经元是轮流替换的。即使意识中的刺激保持不变，大多数神经元都表现出在一种刺激条件下（图上部）

与意识进行联动，而在另一刺激条件下（图下部）却没有发生联动的情况。

意识与无意识的边界，是随需求变动的。这项对神经元机制的研究，获得了具有启发性的实验结果。

关于初级视皮层的激烈斗争

初级视皮层是否承担意识的功能，将会极大地影响意识是如何在大脑中存在的这一问题。若初级视皮层承担意识的功能，那么极有可能在大脑皮层的所有区域都存在意识。反之，那可能意味着意识从 V2、V3 才开始产生，在大脑中仅占一隅。

另外，初级视皮层之所以在长达几十年的时间里，都是意识科学的主战场，还有一个原因。那就是，1995 年弗朗西斯·克里克与克里斯托夫·科赫（Christof Koch）在《自然》杂志上发表的一篇论文。二人在这篇论文中大胆地提出了"初级视皮层不承担意识的功能"这一预测，激起了许多研究者的反对。

他们在论文中阐述的理由主要包括以下两个。第一，初级视皮层不包含与前额叶（后文详述）的直接神经回路。第二，在初级视皮层存在大量没有被意识到的信息。

"小矮人"的无限后退理论

其中，第一个理由主要源自二人认为大脑中存在一个"小矮人"（homunculus*）。这个"小矮人"全权负责意识的功能。被称为前额叶的脑区承担了这一功能。

前额叶在大脑中承担决策的功能，是等级最高的脑区。它比腹侧通路和背侧通路这两个视觉神经通路的高级区域更高级。二人认为，前额叶就是意识之所在。因此，若某个视觉区域具有感觉意识体验的功能，就应该同时具有直通前额叶的神经回路。这样才能让前额叶"看见"视觉世界。

这一思路，简单来说存在两个方面的问题。第一，如果我们认可大脑中存在一手负责意识的小矮人（这里指前额叶）这一假设。那么，按照同样的逻辑，在小矮人之中，也应该存在一个小矮人负责它的意识。这样一来，就会陷入无限后退的循环之中。第二，在临床上，有许多案例显示，即使前额叶受损，病人也没有丧失视觉的感觉意识体验。科赫在之后也修正了自己的观点，认为前额叶与视觉的感觉意识体验不存在关联。

---

* 霍尔蒙克斯（音译），这里指日本动漫《钢之炼金术师》中的人造人。每个人造人都有一个形象代表意义。——审校者

意识无法接触到的初级视皮层中的信息

第二个理由是今天仍然被许多研究者讨论的，即"初级视皮层"存在大量没有被意识到的信息。

确实，在初级视皮层存在大量无法被意识察觉到的信息。图2-19 左侧呈现的错觉正是这句话的形象注解。

令人难以置信的是，图中的 A 部分与 B 部分的灰度完全一致（图2-19 右）。而我们却能看到不同的亮度，这是因为我们的大脑会考虑右侧圆柱体阴影对 B 部分的影响。并试图让我们知觉到，排除了阴影之后，物体原本的颜色。这才导致了对同样颜色的不同知觉。

图 2-19　由颜色恒常性导致的错觉

简单来说，大脑进行了如下推理，如果 B 在圆柱体的阴影下依然反射出与 A 同样亮度的光，那么意味着，B 原本的颜色要比 A 更亮。这一推理的结果到达了意识层面后，我们看到的就是 B 部分明显比A 部分更亮。

像这样，排除了光的差异和阴影的影响后，试图呈现出物体原本颜色的视觉功能，被称为"颜色恒常性"。

关于颜色恒常性的神经元反应出现在腹侧通路的 V4 之后，也就是说，在那之前的 V1 所接收的信息，是忠于实际反射出的光的强度的。因此，与我们所看到的、被意识进行过校正的颜色不同，V1 接收到的二者的颜色信息是一致的。反过来说，在 V1 存在着意识无法接触到的明暗度的原始数据。

另外，还有这样的例子。即使我们努力地、目不转睛地盯着一点看，但事实上我们的眼球始终保持着高速的颤动。并且颤动的幅度非常大。这是一种被称为"微眼动"的现象。就好像拍照按快门时手的抖动一样。

但是，我们却从未意识到微眼动这一现象。甚至即使我们努力去意识，也无法感知到。这就说明，在这个过程中，发生了某种校正机制，并且只有被校正后的视觉影像，才能够进入到我们的意识中。

然而，初级视皮层的神经元活动，却会受到微眼动的影响。随着眼球的细微运动，此处的神经元活动也会上下浮动。假如，初级视皮层的神经元活动不经校正，直接进入到我们的意识之中，那么我们会因为书本抖动过大，而无法进行阅读。

也就是说，在初级视皮层，存在我们意识不到的、忠实反映微眼动的原始视觉信息。

综上所述，初级视皮层存在我们意识不到的视觉信息，这一结论已经很明确了，应该不存在其他的可能。克里克与科赫的观点之所以会引发巨大的争论，是因为他们在这一结论的基础上更进了一步，提出初级视皮层中所有的信息都是无法被意识到的。

这是一个明显的逻辑谬误。一部分信息无法被意识到，并不等于所有的信息都无法被意识到。

洛戈塞蒂斯的"回答"和后续

洛戈塞蒂斯为了终止这一争论，使用了经典的实验范式对初级视皮层发起了进攻。这次进行测量的神经元，明显表现出与高级视觉区域不同的活动情况。

第一个明显的不同是，在双眼视觉竞争中，与知觉交替进行联动的神经元的比例。在这个区域只有约一成的神经元会产生联动反应（图 2-17C 左侧：但同时包含了 V2 的结果）。并且，即使是那些被认为产生了联动反应的神经元，其反应程度也较小。平均需要几百次的知觉交替才能检测出显著的联动变化。

反过来说，初级视皮层的大多数神经元完全不涉及意识的成分，只是忠实地对物理刺激进行反应。因此，在那里所表现出来的信息，与猴子的视觉意识体验完全不同。

并且，如果初级视皮层的神经元活动，都能进入到意识的范围，那在双眼竞争的实验条件下，分别呈现在左右眼的两种视觉刺激，看起来会像两张半透明的图像重叠在了一起。而不会出现我们现在所体验到的知觉交替。

然而在这里，希望大家回想一下克里克与科赫的理论被批判的原因，正是因为他们在认定神经元的过程中以偏概全了。

在这样的背景下，洛戈塞蒂斯发现的那百分之十对知觉交替产生联动反应的神经元，就具有了完全不同的意义。因为这意味着，只有这百分之十对知觉交替进行反应的神经元，才有可能进入意识。

而事实上，洛戈塞蒂斯也将《早期视觉皮层的活动变化反映了双眼竞争期间猴子的知觉》（Activity changes in early visual cortex reflect monkeys' percepts during binocular rivalry）作为自己论文的题目。

来自人类 fMRI 实验的追赶

让克里克与科赫的立场变得更加糟糕的是，之后发现的以人类为被试的实验结果。弗兰克·唐（Frank Tong）等人使用了功能性核磁共振成像（fMRI）对人类在双眼竞争中的大脑活动情况进行了测量。

我们无法在健康人的大脑中插入电极，但我们可以使用一些对颅骨和大脑没有损伤的、非侵入性的方法进行研究。其中，fMRI 具有最高的空间分辨率。

但是，这最高的分辨率，其实也只有一毫米左右。这一毫米究竟是大是小，也取决于研究的目的。我们所能确定的是，在一立方毫米的立方体中，能容纳几千万个神经元。我们能获得的信号，是这个庞大数量的神经元活动的综合。

对双眼竞争来说，这一分辨率就无法区分对右眼呈现的刺激进行反应的神经元群和对左眼刺激进行反应的神经元群。同样也无法区分洛戈塞蒂斯实验中意识与无意识的脑活动的神经元。

在这种情况下，唐等人巧妙地使用了盲点解决这一问题。盲点是在我们的视野中存在的一个看不见的区域。因为在视网膜上，有一处是视网膜的神经纤维汇集并通往更高级视觉区域的地方。在这个地方没有视细胞的存在。如果读者将书放置于距离眼睛十厘米左右的地方，并挡住右眼，只用左眼盯着图 2-20 中的 A 点。然后再前后移动书本，你会发现，在某一处，B 点会在你的视野中消失。

图 2-20　盲点

左眼注视着 A 点的同时，将纸张前后移动。在某一位置，B 所表示的圆形区域会在视野中消失。

接下来请再以同样的方法，反过来用右眼试一试。你会发现，无论你怎么移动书，B 点都不会消失。

这是因为视网膜视神经纤维的汇集处，都处在靠近鼻侧的位置。所以左、右眼看到的结果会不一样。

因此对于严格遵守视网膜坐标依赖性的初级视皮层，在盲点对应的区域，神经元只能接收到来自单眼的视觉信息输入（图 2-21 左）。

V1 中盲点对应的区域

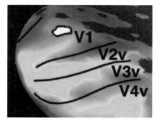
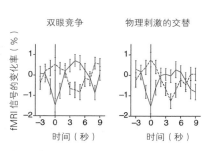

图 2-21　在双眼竞争下，对人的初级视皮层的 fMRI 的测量

左图的白色区域是初级视皮层对应的盲点区域。中间（双眼竞争）和右侧（物理刺激的交替）的图表示的是只有盲点对应区域的大脑活动示意图。在两个图中横轴的 0 表示的是知觉交替的时间点。即知觉从右眼刺激转换到左眼，或反过来时的大脑活动（改编自 Tong & Engel, 2001）。

在初级视皮层中，盲点对应的区域大约有一厘米大小。利用 fMRI 的空间分辨率就可以实现对盲点区域的神经元活动的提取。唐利用盲点，成功地区分出了对左眼和右眼所呈现刺激分别进行反应的大脑活动。

唐等人的研究结果支持了他们的研究假设，并且超越了洛戈塞蒂斯的研究假设。从他们的论文中借鉴一幅图（图 2-21）来进行说明。与没有进入意识时相比，当刺激进入意识后，大脑的活动发生了成倍的增长。

而这种增长变化的情况有时是源自左眼的刺激，有时是源自右眼的刺激，是与物理性的刺激条件相匹配的。也就是说，意识的有无，基于与物理刺激有无相匹配的大脑活动。

唐等人的研究结果在洛戈塞蒂斯的结果上更进了一步，并提供了反对克里克与科赫的证据。他们的结果提示，在初级视皮层，意识与大脑活动是完全一致的。那么，当人与猴子的结果出现了分歧时，我们应该怎么办呢？当然，研究者们还是更倚重人类研究的结果。

是物种的不同？还是测量方法的不同？

洛戈塞蒂斯与唐等人的结果出现了分歧，究竟是什么原因导致的呢？

根据洛戈塞蒂斯的结果，在初级视皮层与知觉交替进行联动的神经元只占总数的百分之十，并且所引发的变化量也很小。与之相对的，唐的研究结果却表现出与物理刺激交替条件同等程度的变化量。

导致这一分歧的可能原因有两个。

第一个可能的原因是猴子与人的物种不同。物种的不同可能导致初级视皮层与意识的关系不同。第二个可能的原因是测量方法的不同。洛戈塞蒂斯直接对神经元进行了测量，而唐等人使用的是fMRI。亚历山大·迈耶和戴维·利奥波德等人对这一问题很感兴趣。因此同时使用神经元测量和 fMRI 测量两种方法，对双眼竞争实验中的猴子进行了测量。

结果发现，洛戈塞蒂斯与唐等人的结果分歧，是由测量方法的不同所导致的。他们的神经元测量结果与洛戈塞蒂斯的结果一致，而 fMRI 的结果与唐等人的结果相符。换言之，这两种测量方法分别捕捉了大脑活动中的不同要素。

神经元测量捕捉的是神经元产生的电脉冲，或者说是神经元的输出。那么 fMRI 测量的究竟是什么呢？

其实，在当时，研究者已经了解到，fMRI 信号表示的不是神经元的输出，而是神经元向突触的输入（见专栏 2-4）。

根据这个知识，我们再来解读一下迈耶等人的研究结果。那么这一研究结果其实表示的是，在双眼竞争中，意识的有无会对初级视皮层的输入产生较大的影响，但不会对其输出产生过多影响。向初级视皮层的大部分突触的输入，理论上，应该是来自更高级的视觉区域。而这些视觉区域确实与知觉交替有更大的联动反应。但这一点尚未得到实证研究的支持。

【专栏 2-4】fMRI 的原理及其信号的由来

fMRI 的原理是当时在美国贝尔实验室（Bell Laboratory）工作的特别研究员小川诚发现的。考虑到 fMRI 在科学上的贡献和今后在临床应用上的可能性，这是一个诺贝尔奖级别的大发现。包括笔者在内的许多日本脑科学研究者，每年都对此获奖之事翘首以盼。

另一方面，作为本章主角的洛戈塞蒂斯，也对 fMRI 信号的阐明做出了较大的贡献。下面，让我们沿着二位研究者的脚步，一起来了解一下 fMRI 的原理及其信号的由来。

在泡沫经济时代末期的 1988 年，小川在从事利用磁共振装置进行大脑成像的研究。某一天，他发现在测量的大脑的横断面中出现了黑色的斑点。在仔细调查后，他发现这些黑色的斑点其实是血管。并且斑点的深浅，与血液中的含氧浓度有关。就这样，原本用于生物学和医学中，专门进行解剖成像的磁共振装置，摇身一变，成了能够测量大脑活动状态的工具。

神经元的活动会引起大脑的血流量变化，这一点，在20世纪初就已经得到了证实，虽然这一过程稍微有一点简单粗暴。研究者将听诊器放在被试的头部，并要求被试解答一些数学难题。结果发现血流声音明显增大。之后，又有研究使用PET（使用放射性同位素测量大脑的血流量）等方法，发现这种血流量的增大只会发生在紧邻神经元活动的区域。

虽然我们能够明确fMRI捕捉的信号与神经元活动所伴随的血流量增加相关。但是，神经元活动中的什么东西导致了血流量的增加这个问题，却依旧是迷雾重重。在小川发现fMRI之后，随着这一技术对脑科学家的贡献越来越大，对fMRI信号的更深层解析也成了当务之急。

此时，洛戈塞蒂斯登场了。

洛戈塞蒂斯关于猴子的双眼竞争研究在世界范围内引起了反响。也获得了许多的工作邀请。最后让他犹豫不决的是德国图宾根的马克斯－普朗克研究所与美国波士顿的麻省理工学院。据说他在进行了激烈的思想斗争后，最终选择了马克斯－普朗克研究所。原因是，一方面学院承诺到洛戈塞蒂斯67岁退休之前，都将为其提供巨额研究预算，另一方面还接受了他惊人的研究计划。

这个惊人的研究计划是，为猴子开发一种专门的研究装置，使其能够同时进行电极的神经元测量和 fMRI 的测量。

fMRI 最大的优点是其非侵入性，而洛戈塞蒂斯居然要使用猴子进行 fMRI 实验，这对于其他科学家来说是一个难以理解的选择。其实在前文中提到的"对 fMRI 信号的更深层解析也成了当务之急"只不过是笔者的一种修辞手法。在当时主流的观点认为，fMRI 的信号强度所反映的就是神经元的点火率。甚至有人连"fMRI 信号提升百分之五十，就相当于点火率提升三十赫兹"这样的具体换算公式都提了出来。

洛戈塞蒂斯之所以能够成为洛戈塞蒂斯，正是因为他会注意到一些其他科学家忽略的问题。并且愿意不遗余力地投入到问题解决中去。其他科学家却只会在洛戈塞蒂斯找到了问题的答案后，才注意到这一问题的重要性，并发出惊叹之声。

然而，猴子的 fMRI 装置的开发并不是一个简单的任务。在 1997 年，他们虽完成了 fMRI 装置，却无法同时进行神经元的测量。在 fMRI 利用巨大的波动磁场对血液中的氧浓度进行三维捕捉的同时，使用电极进行的神经元测量，则旨在捕捉仅仅几十微伏的电脉冲。想要同时测量这两种指标的关键点就在于能否抑制前者对后者的影响。

一个由十几人组成的专门的软件开发小组，在经历了三年的艰苦奋斗后，终于实现了两种指标的同时记录。研究结果却完全出乎大家的意料，实验结果显示 fMRI 捕捉的信号，更多反映的不是神经元的输出，而是神经元向突触的输入。

从洛戈塞蒂斯的研究开始，研究者开始将目光聚集到神经元活动和大脑血流量增加的作用机制上，甚至"neuro-vascular coupling"（神经血管耦合机制）成了脑科学的一大分支领域。目前，对此机制的有力假说认为，神经胶质细胞在接受了突触输入之后，通过控制动脉周围肌肉的微小运动完成对血流量的调整。

"联动"与"负责承担"的不同

从总体上来看，无论是洛戈塞蒂斯的研究结果，还是唐等人的研究结果，都表明初级视皮层的神经元活动与知觉交替存在联动。那这是否说明，初级视皮层承担了意识的功能呢？其实，"联动"与"负责承担"并非完全等同。

让我们来举一个身边的例子。夏季的用电量和刨冰的销量存在联动。一般来说，其中一个上升，另一个也会上升。但这并不意味着其中一个对另一个负责。

虽然，刨冰的销量上升，会增加用于碎冰的用电量，但对于整体的用电量来说，这点增加是微不足道的。

两者之所以会发生联动，其实是因为他们都受到共同因素的影响，那就是温度。当温度上升时，空调就会全面运作，用电量也会因此猛涨。同样因为温度的上升，人们会寻求凉爽的感觉，因此会有更多人购买刨冰消暑。

这个例子向大家展现了，二者之间即便不存在因果关系，但只要它们都受到共同因素的影响，也会发生联动现象。

其实，如何处理"联动"和"因果性"是所有科学家共同的课题。只是因为在脑科学中，检验因果关系的方法非常有限（参照第三章），所以之前没有成为一个大的问题。即使在此之后，在意识科学中，寻找与意识联动的脑活动依旧是焦点问题。

但意识科学的最终目标是探明意识的神经机制。为此我们需要找到的是意识的"负责人"。探索与意识相关联的大脑活动只是前战，比"相关"更进一步的"因果"才是最重要的。

克里克与科赫在 20 世纪 90 年代初就先人一步预见了这一问题，并铺设了有利的防线。与二人不被认可的"初级视皮层不承担意识功能"的假说不同，二人提出的意识实验科学的研究目标"NCC"受到了广泛的认可。

NCC 和阿基拉

你看过 20 世纪 80 年代的长篇动画片《阿基拉》（AKIRA）吗？拥有强大超能力的少年阿基拉，身体早已支离破碎，只有大脑组织依靠科技的力量存活了下来。并且为了利用阿基拉大脑的同时，限制其超能力，他被放在了一个围满了无数管道的丑陋装置之中。

当我第一次看到克里克和科赫对 NCC（neural correlates of consciousness）的定义时，马上浮现在脑海中的就是阿基拉的形象。

二人对 NCC 的定义是"The minimal set of neuronal events and mechanisms jointly sufficient for a specific conscious percept"。直接翻译就是"能够产生固有感觉意识体验的最小限度的神经活动和神经机制"。

通常，"correlate"被翻译为"相关"，也就是我们所说的"联动"的意思。但加上"The minimal set of …… jointly sufficient for ……"（能够产生……的最小限度的……）的句式之后，就不再只表示"联动"的意思，而是向"因果"或"负责、承担"的方向迈进了一大步。

为了进一步明确 NCC 的含义，我们以眼前放了一个红苹果的感受质为例，一起来思考一下。究竟视网膜是否属于 NCC 呢？

当你闭上眼，苹果还存在吗？整个视觉世界都会从意识中消失。当你睁开眼睛，苹果会再次进入你的视野，感受质也重新建立了。这样看来，视网膜作为大脑派出的一个"机构"，是苹果的感受质建立的必要条件，因此视网膜属于 NCC。

但是，我们还能做关于苹果的梦。在做梦时，我们的大脑是与外界信息完全隔绝的。梦中的苹果却完全不用借助眼睛的帮助，是大脑创造出来的。

因此，视网膜被排除在 NCC 之外。因为它不符合 NCC 的"最小限度"原则。

在某种程度上，NCC 就像阿基拉的脑组织（图 2-22）。他的脑组织无论是从前在自己的颅骨内，还是后来存活在丑陋的装置里，只要其中出现特殊状态，就能产生可怕的超能力。超能力产生的本质，不在于承载大脑的是丑陋的装置还是少年的身躯，而在于大脑组织的状态。装置与身躯都只是辅助性的容器。

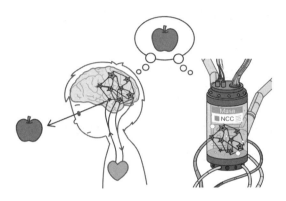

图 2-22　大脑中的 NCC 和被放置在瓶中的 NCC

苹果的 NCC 也与之相同。只要构成 NCC 的神经回路网络出现特殊状态，苹果的感受质就会产生。其本质是 NCC，而非觉醒时的视网膜，或储存在大脑中的关于苹果的记忆，这些都只是辅助而已。

因此，依据 NCC 的定义，就算神经元活动与知觉交替产生了联动，也不等于它属于 NCC，就好像我们觉醒时的视网膜与知觉交替存在联动，却被排除在了 NCC 之外。

通过排除法找到 NCC

那么究竟是否存在合适的方法找到 NCC 呢？线索就在将视网膜从 NCC 成功排除的梦中。

如图 2-23 所示，如果一个元素属于 NCC，那么在任何条件下，它都会表现出与意识变化的联动。反过来说，如果一个元素不属于 NCC，那么它与意识的联动会在某种条件下消失。就如视网膜的联动在做梦的时候消失了一样。按照这个逻辑，只要研究者依次尝试不同的实验条件，将非 NCC 元素一个一个排除，就有可能最终找到 NCC。即通过排除法探寻 NCC。

在本章的最后，要向大家介绍的是我和我的同事依据这一策略开展的以人类为被试的 fMRI 实验。

在条件 A 下观察到的与意识联动的大脑活动

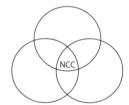
NCC

在条件 C 下观察到的与   在条件 B 下观察到的与
意识联动的大脑活动   意识联动的大脑活动

图 2-23　NCC 的定位

追寻 NCC

我们关注的新的实验条件是"视觉注意"的控制。这对大家来说可能是不太熟悉的词汇。但其实与我们日常所说的"注意"的意思相差不远。

请大家盯着图 2-24 的中心点，并且不要将目光从中心点移开。同时，试着一个字一个字地阅读横排和纵列中的字母。这时，大家可以体会一下，在不移动眼球的情况下阅读字母时，一种特殊的注意在发生移动。这是一种视野中的注意，也就是我们所说的视觉注意。

图 2-24 在固定了视线的同时自由移动的视觉注意

当视觉注意朝向某一对象时，针对该对象的知觉精度与速度都会上升。并且，正如大家在图 2-24 中所体验到的一样，视觉注意的移动不一定依赖于视线的移动。另一个有趣的点是，我们的视线所能关注的对象通常只有一个，但视觉注意却能同时追踪（tracking）四个对象。

我们之所以选择视觉注意控制作为新的实验条件，主要有两方面的原因。

第一个原因是，如果我们不对视觉注意进行控制的话，个体会自动地将注意集中到眼前所呈现的刺激上。例如，在双眼竞争中，当竖条纹进入意识时，视觉注意就会放在竖条纹上，当横条纹进入意识时，视觉注意就会放在横条纹上。

第二个原因是，视觉注意的有无，对初级视皮层神经元活动的增减有较大的影响。

说到这里，其实我们一直对一件事抱有疑问。那就是，到目前为止，被当作初级视皮层的意识所导致的大脑活动变化中，是否掺杂了视觉注意的影响。为了解开这一疑问，将注意与意识进行分离的操作也是必要的。

非对称的双眼竞争——CFS

我们无法在双眼竞争中将意识和注意进行分离。因为在双眼竞争任务中，需要被试自我报告知觉交替的信息。而要完成知觉报告，被试就不得不注意视觉刺激。因此要做到视觉注意与意识的分离，就必须找到一种不依赖于被试的知觉报告，实验者就能知道被试是否看见了刺激的特殊实验条件。

土谷尚嗣博士与科赫找到了一种名为"连续闪烁抑制"（continuous flash suppression, CFS）的革命性方法，正好符合这一条件（图 2-25）。这一方法与双眼竞争类似，也是向左、右眼分别呈现不同的刺激，但 CFS 不会产生知觉交替，只有一只眼睛的视觉刺激会进入到意识中。

这种知觉的非对称性是由刺激强度的非对称性导致的。一只眼睛接收的刺激是浅色的静止图片。而另一只眼睛接收的刺激是以每秒十次的速度变换闪现的图片。这些图片每张都包含一百个左右的方形，不过不同的图片中方形的位置有所不同。土谷受到画家蒙德里安（Piet Mondrian）的抽象画的启发，将这种视觉刺激命名为"蒙德里安刺激"。

向一只眼呈现静止图片　　向另一只眼睛呈现蒙德里安刺激　　被试的知觉

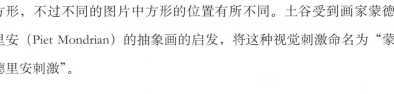

呈现间隔

图 2-25　连续闪烁抑制（改编自 Tsuchiya & Koch，2005）

针对靶刺激的"意识"与"注意"的操纵

为了向大家说明在实验中使用的刺激，先向大家介绍在视觉实验中的专业用语"靶刺激"。靶刺激中的"靶"指的是目标。在实验中，研究者常常会对靶刺激进行各种各样的操纵。

在我们的实验中，靶刺激是图 2-26 中圆形的纵条纹。针对这一靶刺激，我们开展了"意识"与"注意"的操纵。

对靶刺激的操纵使用的正是前面提到的 CFS。向一只眼呈现靶刺激，向另一只眼呈现蒙德里安刺激。这样就可以将靶刺激完全排除在意识之外。

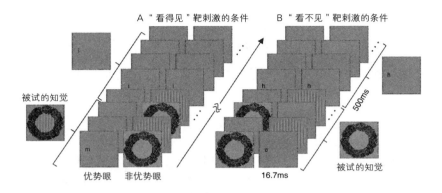

A "看得见"靶刺激的条件   B "看不见"靶刺激的条件

被试的知觉

优势眼   非优势眼   16.7ms   被试的知觉

500ms

图 2-26   分离意识与注意的视觉刺激操纵

看得见靶刺激（圆形条纹图案）的条件（A）和看不见的刺激条件（B）。为了使两种条件下的刺激强度匹配，在投影仪的刷新频率（60 赫兹）中，奇数刷新次数呈现蒙德里安刺激，偶数次呈现靶刺激（改编自 Watanabe, Cheng et al., 2011）。

另外，为了评估"看见"的效果，还需要设置一个能够看见靶刺激的实验条件。在这一条件下，向同一只眼呈现靶刺激与蒙德里安刺激。根据双眼竞争的基本原理"眼球间的意识争夺"，被试会看到半透明的靶刺激与蒙德里安刺激重叠在一起的图像。即同时看到两种刺激的状态（详细内容参照图中说明）。

在确定了具体的刺激后，接下来需要决定的是如何对靶刺激的视觉注意进行操纵。研究者通过要求被试进行不同的实验任务达到这一目的。

在对靶刺激进行视觉注意的条件下，要求被试的视线固定在注视点（视线朝向的刺激）上，并通过按键报告是否看到靶刺激。但仅仅是简单地呈现靶刺激还不够。在此基础上，以二十分之一的频率，间歇性地呈现靶刺激。其余呈现没有靶刺激的刺激条件。这样一来，就能确保被试的注意集中在靶刺激上。

另一方面，在被试的视觉注意脱离靶刺激的实验条件下，被试的任务是在作为注视点的字母列中找出特定的字母。

综上所述，通过不同的刺激条件（向哪只眼睛呈现蒙德里安刺激），对能否看见靶刺激进行操纵。通过不同的任务条件（寻找靶刺激任务或寻找注视点的字母任务），对注意进行操纵。将这两组条件组合后，共有四种不同的刺激任务条件。

如何通过 fMRI 对靶刺激的大脑活动进行捕捉？

我们选择的测量大脑的工具是 fMRI。那么就需要像唐一样利用盲点进行实验设计，才能分别测量出意识与无意识的脑活动。

因此，我们在蒙德里安刺激的中心挖了一个洞（图 2-26）。由于靶刺激会在这个洞中呈现，因此可以通过对应于该洞的初级视皮层，提取出靶刺激引发的大脑活动。

为了让洞中的靶刺激从意识中消失，还需要进一步加强蒙德里安刺激的效果。然而，我们没有采用土谷等人的范式，而是采用了在以前的研究中，自行开发的 dCFS（dynamic continuous flash suppression, dCFS）方法。

dCFS 与 CFS 的不同在于，不仅使用了蒙德里安刺激中的那些方形，还有一些看起来是从四面八方涌来的波浪形的图纹，这会进一步提升与靶刺激之间刺激强度的非对称性。最终使得通过蒙德里安刺激中间的洞呈现的静止靶刺激从意识中消失。

CFS 的结果如何？实验科学的实际情况

现在所需要的实验条件都已准备充分，那么究竟初级视皮层反映的是注意还是意识，又或者是都有呢？实验结果其实对我本人来说也是意料之外的。虽然我很想按照我们之前分析的思路写，但真实情况并不是这样的。

事实上，在进行实验之初，我们并没有关注视觉"注意"。在开始这个研究项目的几年前，因为另一个研究项目，我们对蒙德里安刺激进行了改造。并了解到，即使在蒙德里安刺激中挖一个大洞，靶刺激也无法进入到意识之中。最初的研究动机是利用这种改造过的刺激，在不进行知觉报告的情况下，对初级视皮层的意识的影响进行更准确的考察。

然而，得出的实验结果，却让人十分困惑。因为意识在初级视皮层中的影响完全消失了。这一效应已在前人的几十篇论文中报告过了。但在我们的实验中，无论靶刺激是否进入到意识之中，初级视皮层的大脑活动都没有变化。这虽然是一个新的发现，却没有什么用处，我们也不可能在论文中对结果进行"虽然不知道为什么，但我们的实验条件就是得到了这样的结果"这样的说明。

在这种情况下，被选中的就是视觉注意。当增加了注意这组实验条件后，我们成功再现了唐等人报告的意识导致的 fMRI 信号的增加（图 2-27）。

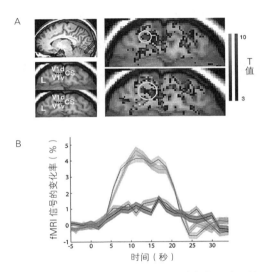

图 2-27　对视觉意识和视觉注意进行分离后的人类初级视皮层的 fMRI 脑活动

（A）圆圈中深色的部分就是初级视皮层中负责靶刺激的区域。（B）在前面的脑区中，四种条件下的大脑活动情况。这四种情况是，有意识 - 有注意、无意识 - 有注意（上面两条折线）、有意识 - 无注意和无意识 - 无注意（下面两条折线）（改编自 Watanabe, Cheng et al., 2011）。

当然，在正式的论文撰写中，无法将如此曲折的研究经过写出来。而是通过综合所得的实验结果，拟定最适合的研究题目，完成论文的撰写。

真实的研究，并不是像论文中呈现的那样顺理成章。我认为这样的经历可能为一些读者提供某种参考，所以厚着脸皮，写下了事情的经过。

论文发表之后

前文的实验结果可以总结为"在严格地对视觉注意进行控制之后，初级视皮层不会对视觉的意识产生反应"。按照前面提到的排除法，就意味着初级视皮层可以排除在 NCC 之外。

在我们这篇论文发表的那一天，我接到了土谷先生的电话，他与科赫正一同在华盛顿参加学术会议。想必这篇文章对期待已久的科赫先生来说应该是会心一击吧。

然而对我来说，有一件遗憾的事，就是无法看到克里克先生的反应。因为克里克先生在 2004 年离开了人世。

后来，我与科赫开展了以老鼠为被试的研究（后文会进行介绍）。当时，为了会面商谈，我拜访了科赫在西雅图的办公室。墙上挂着的克里克先生的照片给我留下了深刻的印象。在照片上，有克里克先生亲笔书写的"I will be looking after you"（我会在天上守护着你）。

意识的实验性研究——操作实验

对 NCC 的进一步探索和操作实验

第 2 章介绍的克里克和科赫提出的 NCC，是最早进行的意识的实验性研究。

在这里，让我们把重点放在作为探索 NCC 的手段的"操作实验"上。

操作实验是通过人工改变大脑活动，来考察其对大脑功能的影响，从而辨明两者之间的因果关系的方法。人们通过把这样的操作实验引入意识的实验科学研究，超越了第 2 章讨论的"与意识联动的大脑活动"的框架，从而实现了对 NCC 的进一步探索。

本章，我们一起来看看如何通过这样的操作实验探求 NCC 的过去和未来。

首先，我来介绍一下从根本上改写了心理学历史的 TMS，研究者使用这个方法首次实现了对大脑的非侵入性操作。

革命性的工具——TMS

TMS 是经颅磁刺激（transcranial magnetic stimulation）技术的英文缩写。正如它的名字一样，这个方法是用强力的电磁铁，在头颅的上部向大脑施加磁场，从而产生电流，达到直接刺激脑神经元的效果。以往在实验心理学里，仅仅依靠感觉刺激和知觉报告来探索人类的心理机制的研究比较盛行，而 TMS 则大大增加了实验的自由度，成为实验心理学的革命性工具，在 20 世纪 90 年代中期被广泛应用。

令人意外的是，TMS 的历史其实是很悠久的。早在 19 世纪后期，达松伐耳（Jacques-Arsène d' Arsonval）和西尔瓦努斯·汤普森（Silvanus P. Thompson）首创了样机。图 3-1 左侧的照片是汤普森研制的、将人的大脑置于两个巨大的电磁铁中间的一个比较奇特的装置。

如果被试鼓起勇气，将大脑放到装置中间，累积的电流就会一下子释放出来，被试则会体验到微弱的幻觉。尽管这个装置很大，但是并不会产生足够的磁场，来引起大脑神经元的点火。所以被试体验到的幻觉，至今仍被推测是视网膜被刺激从而产生的视幻觉。实现神经元点火，则是很久以后的事情了。1985 年，托尼·巴克（Tony Barker）研制的装置是首例（图 3-1 右）。

图 3-1　TMS 的变迁

左图是汤普森（1910）的装置，右图是巴克（1985）的装置（来源于 Scholarpedia）。

　　我在加州理工学院下条信辅博士的实验室工作的一年时间里，接受了 TMS 的洗礼。当时我住在至今地址不明的帕萨迪纳市郊外的汽车旅馆，每天从旅馆去实验室。有一天，我被一位博士生叫到一个黑暗的房间里。

　　房间的角落放着一台看上去就给人一种不祥的预感的电子器材，连接着电子器材的是很粗的电线和电线另一端的 8 字形线圈。当我还在暗想，难道这个就是传说中的 TMS 的时候，对方已经抱着从身体运动相关部位开始刺激一下看看的心态，把线圈扣在了我的头上。当他把电源打开时，显示电压的 LED 电压表一边发出微弱的机械振动声，数值一边上升。当时的情景，对 1970 年出生的我来说，感觉仿佛就像《宇宙战舰大和号》的波动炮一样。等最后一个 LED 灯亮了以后，他迫不及待地按了按钮，在听到"砰"地巨大破裂声的同时，我的胳膊已经举得比肩膀还高了。

　　我原以为最多也就是手指动几下而已，根本没把它当回事，这下真的是把我吓坏了。吃惊的不仅仅是我，那位博士生也吓了一跳，可他却说"我忘记了亚洲人需要把电压设低些"。但是，那时候我并没有忘记他自己其实也是亚洲人。

随后他把房间里的灯全部关掉，把线圈放到了我的初级视觉皮层脑区对应的头皮位置。当他按下按钮，这次在我的眼前原本应该什么都没有的地方闪过了一条白光（磷化氢）。其实在道理上是明白的，但是这一瞬间再次让我清楚地认识到，我们的意识不过是电流活动而已。

TMS 的"阴"和"阳"

1999 年，也就是我到下条实验室工作的四年前，这个实验室发表了关于 TMS 的重大研究成果。这个成果也是神谷之康的成名作，并且为 fMRI 的推广做出了一定的贡献。

这个研究成果报告了与上文介绍的 TMS 引起的幻觉相反的效果。

在这个实验里，向被试瞬间呈现格子图像，并同时用 TMS 刺激视觉区。这样，如图 3-2 所示，被试看到的格子图像上缺了一个角。下条和神谷把这个效应命名为"TMS 诱导性暗点"。

暗点（scotoma）* 原本为医学术语，指由脑损伤引起的视觉区

---

* scotoma 是眼科中常用的词，通常表示暗点或者盲点，指不能清晰地识别图中的信息。——审校者

的缺陷的部位。20 世纪初，随着步枪弹速的加快，子弹会穿透头部。正因如此，士兵被救活的概率也高了，但同时也出现了很多由于脑损伤带来的后遗症。特别是当子弹穿过视觉皮层的时候，会出现部分看不见的暗点现象。

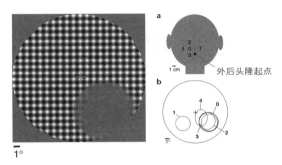

图 3-2　TMS 造成的暗点

左边是对被试知觉的重现。右边是被刺激位置和视觉区内的暗点位置的对应关系（改编自 Kamitani & Shimojo, 1999）。

日俄战争时期，眼科医生井上达二对视觉缺陷做了有趣的报告。他对头部子弹射入口和射出口对视觉皮层的损伤进行了估算，结果发现在患者报告的视觉缺陷部位，与估算的损伤部位之间存在着对应关系（图 3-3）。

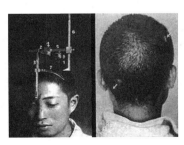

图 3-3　井上达二进行的枪击创痕的位置测定（井上达二，1909）

事实上，上一章我们论述的视觉皮层的视网膜坐标依赖性，就是井上最先发现的，他也成了第一个被国际脑科学界所承认的日本人。

神谷和下条利用 TMS 以非侵入性的实验方法重现了由子弹造成的暗点。同时，神谷和下条也证实了，和实际的暗点一样，通过改变 TMS 对大脑刺激的部位，可以改变暗点的位置（图 3-2 右）。

两个人接下来关注的是，由 TMS 刺激产生的空缺到底是什么。空缺和格子图像的背景一样被感知成灰色，那么这个空缺到底来自过去，还是未来呢？

为了调查清楚这个问题，两个人将在条纹图案之后呈现的背景颜色在红色到绿色或绿色到红色之间切换，反复进行实验。结果，他们发现在条纹图案之后呈现的背景颜色，填补了 TMS 诱导性暗点造成的空缺。令人吃惊的是，并非同时显示的视觉刺激，竟然在我们的意识中融为一体；更令人吃惊的是，暗点竟然把尚未显示出来的颜色，提前呈现给了我们。

尚未呈现的背景究竟是基于什么原理跳进了我们所感知的图像里的呢？意识和时间两者之间到底有什么样的关联呢？两者的关联和本章最后介绍的实验也有紧密的联系。除此之外，两者的关联对最后一章讨论的意识的机制来说，也是非常重要的。因此我将用一些篇幅对此进行介绍。先来介绍一下本杰明·李贝特（Benjamin Libet）的两个实验。这两个实验将使我们对意识的时间这个概念的认识有根本性的转变。

意识的时间延迟

意识产生的时间和实际施加刺激之间的时间差有多长？回忆一下第一章的内容，你就能明白我们所有的神经处理过程，都是要花费一定的时间的。例如，视觉信息传达到高级视皮层所需的时间是0.1秒多一点。通过这一点，我们也能知道，这0.1秒多的延迟是无论如何都无法避免的。而李贝特测量出的时间延迟，远远超出了这个预想的时间。

在李贝特的实验中，他在患者做开颅手术的过程中，将电极插入患者的大脑，通过给予大脑电刺激进行实验（图3-4）。在对控制皮肤感觉的大脑皮层进行刺激的时候，患者会产生胳膊被触碰的感觉。李贝特当时的实验目的是探索产生皮肤感觉的必要的电刺激条件。

实验中，李贝特在不断地改变电刺激的强度和刺激持续时间进行实验的同时，要求患者进行知觉汇报。当然，实验是在患者的神经细胞不被烧伤的前提下进行的。李贝特得出了有趣的结果。实验结果表明，在给予患者大脑中等强度的电刺激条件下，只有刺激持续0.5秒以上，才会产生皮肤感觉。

那么在对大脑给予0.5秒以上的电刺激的条件下，相应的知觉是什么时候产生的？对于患者来说，下一个电刺激的持续时间是无法事先知道的。如果电刺激的持续时间小于0.5秒，并不产生任何知觉。如果只有持续时间超过0.5秒的电刺激才能产生知觉的话，那么在知觉产生的时候，已经有了至少0.5秒的延迟。

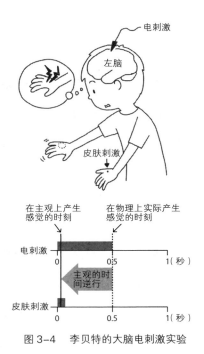

图 3-4　李贝特的大脑电刺激实验

这 0.5 秒，对于大脑知觉的反应时间来说，其实是个不短的时间。但是考虑到对大脑进行电刺激的特殊性，0.5 秒"可能也不算什么"。问题在于接下来的这个实验，让我们一起来看一下。

李贝特在接下来的实验里，在给予患者大脑不同电刺激的同时，对患者的皮肤也进行刺激，并让患者评估先感觉到哪个刺激。在图 3-4 的例子中，通过给予患者左手正常的皮肤刺激，同时向相应脑区给予电刺激以引起右手的皮肤感觉。

同时施加两个刺激，如果我们用惯常的思维来考虑的话，应该是皮肤刺激先被感觉到。因为，我们已经了解到电刺激需要持续至少 0.5 秒才能产生知觉。

但是令人惊讶的是，结果表明两者被同时感觉到。到底该怎么去解释这个结果呢？李贝特认为，直接刺激皮肤产生的知觉，和电刺激产生的知觉一样，在给予刺激后，知觉在 0.5 秒的延迟后产生。也就是说，李贝特主张，知觉延迟不仅发生在电刺激的条件下，而是普遍存在的。

皮肤刺激与电刺激之间唯一不同的是，即使是短暂的皮肤刺激也能引起知觉。李贝特预测，在一般的皮肤刺激条件下，存在着某种使神经活动持续的大脑机制。而此预测也被之后的实验证实。

李贝特通过一系列实验结果，总结出了以下三个结论。第一，神经活动需要持续 0.5 秒才能引起意识。第二，意识产生的时间与实际施加刺激的时间之间存在着 0.5 秒的延迟。第三，一旦知觉产生，我们的感觉追溯到的是刺激发生的时刻。

李贝特把第三点命名为"主观的时间逆行"。但是，意识被动的概念体系是无法对这一点进行解释说明的。因此，下一节我们将导入能动性这一概念。

主观的时间逆行

如果我们只是被动地去感知世界，是无法认识到知觉延迟的，就像我们必须半夜起来收看正在地球另一边进行的奥运会一样。我们并不具备让我们意识到知觉延迟的"无延迟的标准"。

但是，一旦我们积极地推动周围的环境向前发展时，就完全不同了。因为我们可以把我们对环境积极的推动作用，作为"无延迟的标准"来利用。

让我们以棒球为例来看一下。专业的棒球投手以每小时 160 千米的速度投球，球在仅仅 0.4 秒内就到达了对方的击球手那里。在击球手挥棒，球棒击到棒球的瞬间，"谁""怎样"地感受到了"什么"，是我们在这里要讨论的重点。

首先，让我们从被动的视角来看一下。

在这个情况下，如果我们仅以第三者的立场来观察，想必并不会察觉到 0.5 秒的知觉延迟。投手投球、击球手挥棒都是他人的行为，我们对这些动作的知觉也同样有延迟，所以并不会造成任何的问题。

真正的问题是，我们从击球手的立场来看，击球手需要自己决定何时挥棒，即击球手需要在球到达之前做出挥棒的决定。也就是说，需要在投手开始投球的 0.4 秒之内做决定。另外，实际开始挥棒的时间点，也需要在这 0.4 秒之内决定。如果不从球到达之前就开始挥棒，球棒是无论如何也无法击到球的。

实际上，如果考虑挥棒到击中球的时间差，开始挥棒离棒球投出的时间，保守估算大约是 0.3 秒。当然，挥棒击球的决定应该在这之前就做出了。

那么击球手的知觉是怎样的？球棒打到球的瞬间，视觉、听觉、触觉、身体感觉等所有的知觉冲击都会传达到击球手身上。如果我们相信李贝特的实验结果的话，所有的知觉都在实际发生的瞬间的0.5 秒以后被感觉到。

如果我们单纯地去计算这些知觉发生的时间，那么应该是发生在投手投球的 0.9 秒以后的事情。0.9 秒包括棒球到达击球手处所用的 0.4 秒和 0.5 秒的知觉延迟。

问题是，上述作为"无延迟的标准"的"开始挥棒的时刻"和感知到球棒打到球的时间差，为 0.9-0.3=0.6 秒。如果这个事实原封不动地上升到我们的意识，那么击球手在感觉到球棒打到球的时候，应该是挥棒的动作完成以后，击球手已经朝一垒奔跑的时候。

然而，实际的感觉就像流水一般顺畅。击球手开始挥棒，将球棒挥过肩头，球棒打到球的瞬间，感受到球的冲击，击球手并不会感觉到什么奇妙的延迟。

李贝特导入了主观的时间逆行的概念（图 3-4），以便说明"知觉的绝对延迟"和与此正相反的"顺畅的时间感觉"的关系。说到这里，相信读者多少有点理解他所说的"一旦知觉产生，我们的感觉追溯到的是刺激发生的时刻"的意思了吧。

意识会受到未来的影响吗？

意识产生的时间有着另外一个有意思的特性。意识产生的时间迟于刺激时间，但是意识时间的未来实际上却受着过去的影响。

这一点用语言文字是很难解释清楚的。在这里希望大家能够通过亲身体验来理解这一点。首先，请你找一个同伴一起体验。

等你闭上双眼以后，让对方按 AAB 或者 AAC 的顺序敲击你的上肢（图 3-5）。当同伴敲击你的时候，请你把意识集中到你第一次被敲击的位置。

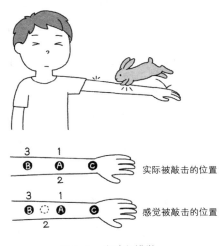

实际被敲击的位置

感觉被敲击的位置

图 3-5　皮肤兔错觉

结果如何？当按照 AAB 的顺序敲击的时候，你会感觉第一次被敲击的位置在 A 和 B 的中间；当按照 AAC 的顺序敲击的时候，你会感觉第一次被敲击的位置在 A 和 C 的中间。如果是这样的话，两种情况都说明，第二次被敲击的时候，你感觉到的位置更偏向第三次被敲击的位置。

假设知觉的时间延迟小到可以忽视的程度，被敲击的瞬间我们立刻能感觉得到的话，那么第二次被敲击的时候，你感觉的位置也不会偏向第三次被敲击的位置。在第二次被敲击的时候，第三次敲击还是未来的事情，敲击 C 还是 B 是无法预知的。

反过来说，第二次被敲击的时候所感觉到的位置，受第三次敲击的影响并偏向第三次被敲击的位置的这一事实，也正说明了知觉的时间延迟足够大，并意味着第二次被敲击的知觉产生时间晚于第三次敲击的时间。

知觉的位置偏差在敲击间隔时间在 0.04 秒到 0.2 秒之间的情况下发生。这个偏差没能证实李贝特的实验结果 0.5 秒，但是足够证明意识的"现在"与现实之间至少有着 0.2 秒的时间差。

这个就是皮肤兔错觉，但是皮肤兔错觉的奇妙不仅在于意识的时间延迟。

实际上，皮肤兔错觉同时告诉我们一个事实，那就是关于我们的感觉意识体验，意识的"现在"是受"未来"影响的。因为如果我们把感觉到的第二次敲击感作为意识的"现在"，第三次敲击便可看作"未来"。但是，在这里要特别注意的是，意识的"现在"及"未来"，在现实当中早已成为"过去"。

也就是说，意识的时间不仅迟于现实，而且同时向着未来的方向扩张。所以，还没有被意识到的现象（第三次敲击）已经在影响着意识对正在发生的现象（第二次敲击）的知觉。

自由意志是否存在？

既然我们的感觉意识体验迟于现实世界 0.5 秒，那么一种东西的存在就受到了威胁。那就是我们的自由意志。用英文来表示的话，叫作 conscious free will，准确地说是意识下的自由意志（以下称作"自由意志"）。

请你再次回忆一下我们举的打棒球的例子。击球手需要击打投球手投出的时速 160 千米的球。这时，球仅用 0.4 秒就能到达击球者的位置。也就是说，在意识的时间里，球还没有离开投球手指尖的时候，球棒已经击到了球。

那么，尽全力去捕捉球飞来的方向，决定挥棒的时间，使球棒击到球的又是"谁"呢？至少，有很大可能性不是击球手的意识。因为凭击球手的意识是无论如何也来不及的。"对于我们人类来说，意识下的自由意志究竟是否存在呢？"李贝特的另一个值得关注的研究就是他对此问题的回答。

首先，他将能够捕捉大脑发出的电信号（脑波）的脑波计，装在被试的头上。然后，将肌肉电表装在被试的手腕上，检测肌肉的微动。之后，在被试面前，放置一个像钟表的时针一样可以高速旋转的表针。

准备好这些后，告诉被试，他可以在自己喜欢的时候活动手腕。同时，让被试利用表针的位置来记录自己想活动手腕的时刻。

图 3-6 记录了被试想活动手腕的时刻、实际活动手腕的时刻和被

试的脑波。

首先希望大家关注的是，被试想活动手腕的时刻和实际活动手腕的时刻之间有着 0.2 秒的延迟。这个延迟可以被解释为，被试想活动手腕之后，指令信号从大脑传到肌肉的时间差，并无不可思议之处。

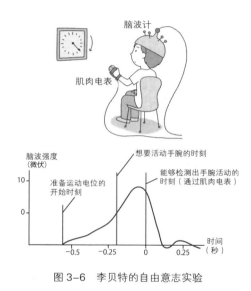

图 3-6　李贝特的自由意志实验

真正不可思议的是被试的脑波形成的时刻。在被试想活动手腕的时刻的 0.3 秒之前，已经捕捉到了大脑活动。

也就是说，在被试意识到要活动手腕之前，"活动手腕"的准备已经无意识地在大脑中进行了。如果单纯地去理解这一现象，那么可以认为我们在意识下的自由意志是不存在的。

然而，李贝特为了尽力证明自由意志的存在，导入了自由非意志（free won't）。李贝特相信即使在与意识不相关的地方，活动手腕的准备已经悄悄地开始了，如果本人的意志突然想取消活动手腕的指令，这是可以实现的。

但是，如果我们仔细地去考虑一下，"突然取消"本身也必然需要准备时间。那么，"突然取消"也有很大可能性在与意识不相关的地方，悄悄地被决定和进行着。

至今，关于自由意志，与其试图解释其重要性和不可否定性，人们更倾向于诚恳地去承认我们并不持有自由意志。反过来，如果我们硬要去假设意识下的自由意志，那么其实很大程度上相当于去唤醒过去的亡灵。

过去的亡灵又是什么呢？让我们想象一下李贝特实验中的被试大脑内的活动。

被试在自己选定的时机去按按钮的时候，大脑是需要某种契机的。这个所谓的契机很可能是，发生在极少数神经元上的、神经元点火率的微小变化。这个小小的契机渐渐地变大，在某个时刻上升到意识层面，最终成为活动手腕的信号。图 3-6 中的脑波上升部分被认为是对这一过程的捕捉。

重点是最开始的契机，也就是"发生在极少数的神经元上的、神经元点火率的微小变化"，上升到意识层面的可能性是极其微小的。

在这种情况下，想去维系意识下的自由意志的存在是非常困难的。因为如果这样的话，意识便会成为自由控制大脑活动变化的存在，即大脑活动之外的存在。

这样的看法正是把人的心灵和肉体分为两部分来看的"心身二

元论"。这里的"身"必然包含我们的大脑。心身二元论把我们的意识看作独立于大脑的，甚至是在这个世界之外的一种东西，并且它以特定的形式与我们的大脑交换信息。

刚刚提到的过去的亡灵，说的就是这个心身二元论。

其实在第 1 章开头提到的笛卡儿也支持心身二元论。他把大脑的松果体看作大脑与这个世界以外的意识交换信息的媒介（图 3-7）。人的大脑结构基本上是左右对称的，只有松果体在大脑正中部并且只有一个。笛卡儿认为，这是因为意识只有一个，所以大脑的交换信息的器官也一定只有一个。

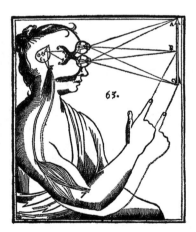

图 3-7　笛卡儿的心身二元论和大脑的松果体（引自《情念论》）

但是，在笛卡儿所生活的时代，人们还不知道神经元的存在，那时候人们还坚信大脑通过脑脊液来支配身体。即便笛卡儿提倡心身二元论，我们也没办法去责备他。然而值得一提的是，即使是在今天，还有很多哲学家支持心身二元论。意识的哲学真是广阔无边。

选择性盲视

即便是有人告诉你在意识的范畴里并没有自由意志，想必你也不会相信。因为我们更愿意去相信，我们是由自己的意识去决定做什么，这种感觉是很难被动摇的。

但是，有一个有趣的心理学实验启发并暗示我们这种感觉本身其实只是我们的错觉。下面来介绍一下这个实验。

约翰松（Johansson P.）和哈勒（Hall L.）等人做了以下实验（图3-8）。

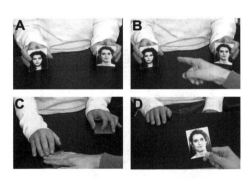

图 3-8　约翰松和哈勒等人的选择性盲视实验

（A）给被试展示好感度被调整过的照片。（B）让被试选出并用手指指出好感度高的照片。（C）（D）照片被装进了双层相框，被试实际上拿到的并不是他选的那张。并且，让被试口头解释他们为什么"选择了"这张照片（Johansson et al., 2005）。

在这个实验里，首先主试向被试展示两张头像照片。然后，让被试在几秒钟之内选择他更喜欢的那张，并用手指指出。之后，主试将被试选的那张照片递给他，并且让被试口头解释他为什么选择了这张照片。

　　如果只是这样一个实验的话，就像问卷调查一样，看上去没有任何异常的地方。但是实际上在主试把照片递给被试的时候，设置了一个陷阱。被试会在某个实验试次中，拿到并不是他自己选的那张照片，而是主试事先准备好的相框里的另一张照片。

　　有趣的是，在大多数情况下，被试并不会发现他们所选的照片被调换了。而且更令人惊讶的是，被试会对着他们并没有选择的那张照片，滔滔不绝地描述他们选择这张照片的理由。

　　比如，被试会说"长相跟伯母很像，所以觉得很慈祥""比较喜欢脸型和下巴的形状""神色好，耳环也很漂亮。如果两个人都坐在酒吧里，会选择和这个人搭讪"等理由。

　　更有说服力的是，在调换照片的条件下，被试口头描述的所有特征与没有调换照片时所描述的特征是完全相同的。不管是描述时使用的时态、理由的长短等特征都和没有调换照片的实验条件所描述的完全相同。

　　这一实验结果显示了，大脑短时间内的意志决定的机制与描述意志决定的理由的大脑机制之间的关系是极其薄弱的。最初进行选择的潜意识，和事后解释选择理由的意识就像双簧一样相辅相成。

　　约翰松和哈勒把这个心理效应命名为选择性盲视（choice blindness）。选择性盲视解释了我们为什么那么坚信实际上并不存在的"意识下的自由意志"。答案其实很简单。因为大脑给我们呈现了一个很壮观的错觉，那就是"自由意志"。

通过 TMS 探求 NCC 的操作实验

让我们再次回到通过 TMS 进行的对意识的操作实验。在这里我们要介绍的是 TMS 研究的权威阿尔瓦罗·帕斯夸尔－莱昂内（Alvaro Pascual-Leone）和文森特·沃尔什（Vincent Walsh）两位学者。

如果用 TMS 刺激初级视皮层，会出现我曾经体验到的"白色光幻觉"（磷化氢）。然而在帕斯夸尔－莱昂内和沃尔什的实验中，被刺激的是大脑负责加工处理复杂的视觉运动刺激的视觉皮层（MT 区），并且得到的是被称为"运动光幻视"（motion phosphene）*的特殊幻觉。

MT 区是负责加工处理复杂的视觉运动刺激的视觉皮层，位于大脑高级视皮层（图 3-9 左）。此部位受损的人会失去所有对运动物体的视觉体验。就像是相机的闪光灯捕捉到的舞台照一样，MT 区受损的人感知到的世界将是连续的静止像。

在通过用 TMS 刺激 MT 区而得到运动光幻视里，有运动伴随的精细的图形（图 3-9 右）。

---

* 光幻视，指非光刺激产生的视觉感受。如单个电极的定点电刺激所产生的视觉感受，或者视网膜在受到机械刺激、电刺激等不适宜刺激瞬时产生的光幻觉。——译者

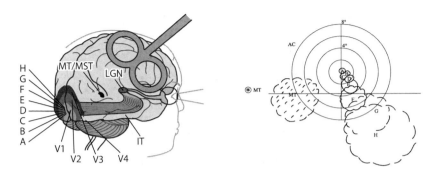

图 3-9　TMS 刺激产生的两种光幻视

用 TMS 刺激初级视觉皮层的时候，根据刺激部位的不同（左图 A 至 H）会在视觉的不同位置相应产生光幻视。然而，用 TMS 刺激视觉皮层的 MT/MST 区的时候，会产生运动光幻视。如右图所示，光幻视和运动光幻视位于相反方向的视觉区，这是因为被刺激的分别是大脑的不同半球（改编自 Cowey，2005）。

运动光幻视和 NCC

接下来，我们一边回顾 NCC，一边考察运动光幻视。

用 TMS 直接刺激高级视觉皮层，所产生的运动光幻视到底是什么？

通常，神经元的点火从眼球到初级视觉皮层，再经过中低级视觉皮层，到达高级视觉皮层，从而产生感觉意识体验。但是在略过所有的中间过程，通过 TMS 直接刺激高级视觉皮层得到感觉意识体验的情况下，被略过的眼球和中低级视觉皮层并没有对意识的产生做出任何贡献。也就是说，可以做出眼球和中低级视觉皮层并不包含在 NCC 之内的结论。

但是大脑的奇妙之处就在于，这其实是说不通的。写到这里，我还没有机会提到的一点是，脑神经的回路是有去有回的。也就是说，视觉信号不仅可以从低级视觉皮层传达到高级视觉皮层，反过来，从高级视觉皮层向低级视觉皮层的信号传达也是存在的。由于存在从高级视觉皮层向低级视觉皮层的信号传达（以下称为自上而下），如果高级视觉皮层受到刺激，那么中低级视觉皮层的信号活动也会上升。

帕斯夸尔－莱昂内和沃尔什两位学者把目光放到了这一点上。那就是，大脑的自上而下的视觉信息的传达和与此伴随产生的中低级视觉皮层活动上升是否包含在 NCC 之内的问题。两位学者特别关注的是初级视觉皮层。

两位学者的实验可以说是费了不少的心血。他们试图去验证在对 MT 区进行刺激产生运动光幻视的基础上，对初级视觉皮层进行 TMS 刺激，所产生的暗点（视觉像上的空洞）现象。

假设初级视觉皮层的活动是产生运动光幻视的前提条件的话，这个知觉像是应该伴随着"空洞"的。反过来，如果初级视觉皮层的活动不是前提条件的话，无论外加怎样的操作，知觉是不会受到任何影响的。

在帕斯夸尔－莱昂内和沃尔什两位学者所做的实验中，他们在不同的时间段用 TMS 分别刺激 MT 区和初级视觉皮层，并让被试用四个等级来评价运动光幻视的强度。四个等级分别是：1= 清晰的、移动的光幻视；2= 微弱的、移动的光幻视；3= 稳定的光幻视；4= 没有光幻视。

图 3-10 显示的是这个实验的结果。实验结果表明，在对初级视

觉皮层进行的 TMS 刺激迟于对 MT 区的 TMS 刺激 25 毫秒的条件下，被试报告的运动光幻视的强度是最低的[*]。这 25 毫秒恰好与 MT 区产生的活动，通过自上而下的神经回路，传达到初级视觉皮层所需的时间是一致的。

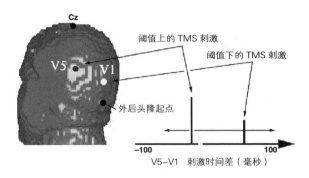

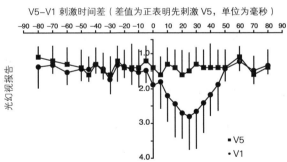

图 3-10　帕斯夸尔－莱昂内和沃尔什应用 TMS 的意识操作实验

　　图中低谷处（25 毫秒的附近）显示的是，TMS 刺激 MT 区所产生的幻觉（运动光幻视）被 V1 区的 TMS 刺激所阻碍（改编自 Pascual-Leone & Walsh, 2001）。

---

[*]　由于运动光幻视直接产生于 V5 区的 TMS 刺激，因此不存在正常视觉条件下的前摄过程的混淆，如果在某一时刻，对于 V1 区的抑制可以降低运动光幻视的觉知水平，就说明在这一时刻有信息从 V5 区逆向传播到 V1 区，并且这种信息的反馈传播对于意识的产生是必要的。——审校者

帕斯夸尔 - 莱昂内和沃尔什通过以上实验结果，得出了结论：对于感觉意识体验来说，借助自上而下的神经回路的初级视觉皮层的活动是必不可少的。

探求 NCC 的操作实验的难点

那么，根据帕斯夸尔 - 莱昂内和沃尔什两位学者的实验结果，做出 NCC 包含初级视觉皮层的结论是否准确呢？两位学者的"对于感觉意识体验来说，借助自上而下的神经回路的初级视觉皮层的活动是必不可少的"这一结论与"包含在 NCC 之内"又是否等价呢？

实际上，操作实验的难点也正体现在这里。

即使某个部位受损引起某种功能的缺陷，也未必说明某个部位就负责某种功能。道理很简单，就像即使取出收音机的电池，收音机就停止播放了，也不能证明电池是收音机正常工作的决定性因素。

收音机的工作原理是线圈和电容器组成的共振回路，驱动收音机运转的电池是可以替换的。只要共振回路是正常运转状态，电压的供给源无论是交流电，还是电池或手动发电机都是可以的。但是，一旦电池被取出，收音机就会立刻停止运转、停止播放也是事实。

操作实验的难点就在于，即使操作的不是本质性的东西，也会对功能产生影响。所以探求 NCC 的操作实验要特别注意这一点。因为 NCC 的定义本身就包含"本质性"的东西。

让我们以第 1 章的"盲视"为例来思考一下。

如果我们的初级视觉皮层受到损伤,所有的视觉体验都会消失。但是仅仅通过这一事实,就做出初级视觉皮层对视觉体验起着本质性的作用这样的结论还为时过早。初级视觉皮层是其后的视觉传导通路的入口,主要承担着信息供给源的作用。即便初级视觉皮层不在 NCC 之内,如果初级视觉皮层受到损伤的话,在视觉传导通路下游的 NCC 也难免受到重大影响。

如此,盲视对于初级视觉皮层是否包含在 NCC 之内这一争论是不能说明任何问题的。

虽然盲视对初级视觉皮层的作用来说不能证明什么,但是这个现象让我们了解到很多有关感觉意识体验的神经机制的东西。虽然盲视者在主观上看不到东西,但是在客观上就像能看到东西一样。这一奇妙的现象,揭示出在什么情况下我们的大脑的意识不成立,这是宝贵的并且具有极端性的材料。

让我们再回到帕斯夸尔 - 莱昂内和沃尔什的实验上。在实验中需要担心的是,初级视觉皮层的活动被阻碍这一事实,对与此独立的 NCC 产生影响的可能性。也就是说,对于 NCC 来说,通过初级视觉皮层从 MT 区输入信号是必要的,但是还不能排除初级视觉皮层本身并不在 NCC 之内的可能性。

操作实验的排除作用

那么，在什么情况下才能通过操作实验对 NCC 给出明确的结论呢。

让我们继续以收音机为例来说明，如果把收音机的一部分拿掉，收音机还不停止运转的话，可以证明这个部位并不是收音机的关键部分，可以排除。同样，对特定的神经元的活动进行操作的时候，如果感觉意识体验不受妨碍，就说明此神经元活动不在 NCC 之内。

也就是说，通过操作实验探求 NCC 也需要采用上一章"与意识联动的大脑活动"一样的方法，那就是一个一个地去排除的"排除法"。

这一排除法的实验操作要非常严谨。实施实验时，主试要把实验操作严格地限制在需要进行操作的对象上。作为操作实验，这听起来好像与假设相反，因为操作实验的目的，是要实现"不影响感觉意识体验的操作"。从下一节开始，我来为大家介绍以往无法想象的、使"严谨的操作"成为现实的新方法，并向大家介绍使用此方法所实现的探求 NCC 的实验。

操作实验的新方法

我要介绍的新实验方法，就是"光控遗传修饰技术"（optogenetics），

又称光遗传学 *。光遗传学被定义为"在神经元里形成通过光刺激而开闭的人工通道（光敏感通道），从而自由地操作特定种类的神经元的活动"。

有趣的是，实际上这个概念，与其说是个概念定义，不如说它是从一个愿望出发而实现的。1999 年，弗朗西斯·克里克在阐述自己想到的、理想的操作方法时使用了这个词。

数年后，鲍里斯·泽梅尔曼（Boris Zemelman）和格罗·米森伯克（Gero Miesenbock）在果蝇的中枢神经细胞上发现了光敏感通道，并成功实现了通过光遗传学技术对神经元活动的控制操作。此后，卡尔·戴瑟罗斯（Karl Deisseroth）等人发明了一种大幅度简化的方法，来识别遗传因子。由此，光遗传学技术被广泛地应用起来。

我所在的实验室也应用过光遗传学技术，并且发现这种方法惊人的简单。实验中，在白鼠的头盖骨钻一个小孔，花几十分钟将人工制成的光敏感通道的原料用玻璃制的镊子（极细的玻璃管，用来导入药品）导入白鼠大脑。几周以后，用光纤维对白鼠大脑进行光刺激，就可以实现对白鼠的神经元活动的自由控制。

---

* 光遗传学技术是将光学技术与遗传学技术结合在一起，用于控制活体（包括自由运动的动物）内单个神经元活性的一种神经修饰技术。用于行为神经科学研究，可以精确、实时测量神经元的反应，从而以极高的空间和时间分辨率在毫秒时间尺度上观察单个神经元的活动。其核心是一些光敏感的蛋白质，如通道视紫红质、嗜盐菌视紫红质和古细菌视紫红质，它们被用作光激活剂在选定的时间和空间借助钙离子、氯离子或膜电位使神经元兴奋或抑制，实现对特定神经元活动的精确控制。——审校者

光遗传学技术最大的优点就是它对操作的时间精度与空间精度的精准控制。在时间精度上可达毫秒级；在空间精度上，可以达到只对目标神经元进行控制操作。

在这里要补充一点，神经元可被分为很多种。仅在大脑皮层就有数十种神经元存在（图 3-11 是其中的一个例子）。有趣的是，不同种类的神经元在神经回路网上有着不同的定位。根据神经元的种类，向哪种神经元传入、从哪种神经元传出是固定的。并且，不同种类的神经元，对输出神经元所产生的影响也是不同的。根据影响方式的不同被分为"兴奋性神经元"和"抑制性神经元"。兴奋性神经元引起传出神经元的正突触反应，而抑制性神经元引起传出神经元的负突触反应。

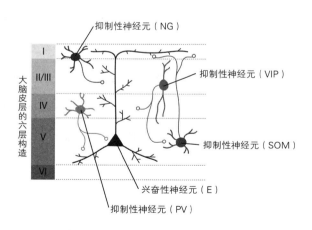

图 3-11　大脑皮层的不同种类的神经元

兴奋性神经元（E：锥体细胞）和抑制性神经元（PV：小清蛋白发现细胞；SOM：生长激素抑制素发现细胞；VIP：血管活性肠肽发现细胞；NG：神经胶质细胞）。

光遗传学技术出色的时间和空间精度使探求 NCC 的"精密操作"成为现实。通过有效地利用时间精度，可以实现对大脑信息处理的特定阶段进行选择性的操作。通过有效地利用空间精度，可以实现对特定种类的神经元进行直接控制操作。

光遗传学技术的唯一缺点，就是只能在有限的动物种类上做实验。现阶段，可以在多种神经元上进行控制操作的，仅限于果蝇、斑马鱼和白鼠。

迄今为止，在意识实验科学中扮演主角的猴子身上，光遗传学技术的适用范围还有很大的局限性。

因为有这样的限制，下面介绍的我自己的研究项目，也不得不以大白鼠和小白鼠作为实验被试。

大白鼠是否能够体验到双眼竞争？

2012 年夏天，我遵循着视觉意识研究的一贯做法，从大白鼠和小白鼠是否也可以体验到"视觉刺激从意识中消失"的错觉实验入手，开启了我的探索。实验中，最初用的是洛戈塞蒂斯以猴子为被试做的双眼竞争实验。

为了实现这个实验，我用了半年的时间，开发、研制了用在大白鼠身上有些庞大的实验装置（图 3-12）。尽管实验装置做出来以后，我花了整整一年的时间反复实验。但是结果得到的是，大白鼠并不适合做双眼竞争这个实验。这也可以说是一种宿命，因为我们没有办法直接去问动物，所以只能去推测。我推测是由于大白鼠的左、右眼是独立活动的，所以双眼竞争实验中的两个视觉刺激，没有办法在大白鼠的意识中重合为一个物像，并且眼球运动的测量结果和伴随刺激变化的行为变化等，所有的观测结果也都表明了这一点。

当初我开始做这个实验的时候，仿佛忘记了这个领域的前辈洛戈塞蒂斯，得意扬扬地投入到这个实验中。然而一年以后，我却尝尽了苦头。

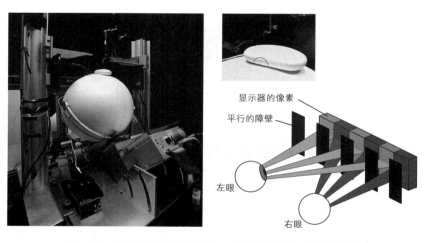

图 3-12　我为双眼竞争和视觉后向掩蔽实验开发、研制的装置

将装在大白鼠的头盖骨上的金属零件固定在自由运转的球上，并通过球的运转速度和角度来测量知觉。球的运转方向分为测量行为的被动模式（依赖于大白鼠）和向大白鼠示范正确行为的主动模式（通过发动机控制球的运转方向）。双眼竞争实验中所用的刺激，是通过视差障壁提供的。这个方法是在屏幕前放置被精准切割成条状的层，并可以让被试的左眼和右眼接收到不同的影像。右上图的电脑鼠标是为了显示装置的实际大小。

新的希望：视觉后向掩蔽

但是，我也不能一直消沉，因为我已经上了这条"贼船"。接下来，我尝试的是"让视觉刺激从意识中消失"的错觉的另一个方向的实验，那就是视觉后向掩蔽实验。

正如名称所示，视觉后向掩蔽（visual backward masking）是目标视觉刺激被之后出现的掩蔽视觉刺激所干扰（变得看不见）的错觉现象。

请大家参考图 3-13。灰度不同的条状刺激在短时间（16 毫秒）内被显示，接下来，在短时间的间隔后，不同灰度的格子模样的刺激在短时间（16 毫秒）内显示。前者作为目标刺激，而后者则是掩蔽刺激。

以人为研究对象时，多多少少会出现个体差异，但是在两个刺激的间隔时间不到 70 ~ 80 毫秒的条件下，目标刺激都会从意识中消失。

实际上，视觉后向掩蔽的错觉本身体现了很多大脑意识相关的结构。掩蔽刺激能够干扰目标刺激这一事实意味着，使目标刺激被"看到"的神经元活动在 70 ~ 80 毫秒之间是一直持续的。如果不这样假设的话，后呈现的掩蔽刺激是无法干扰目标刺激的。

也就是说，形成意识的持续的神经元活动，即使仅欠缺一部分，也会造成完全看不到目标刺激。这一事实，在排除法的逻辑中显得愈发重要。

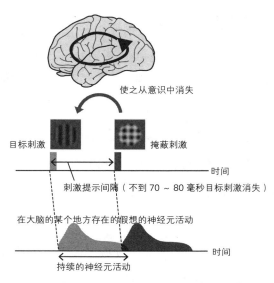

使之从意识中消失

目标刺激　　　　　　掩蔽刺激

时间

刺激提示间隔（不到 70～80 毫秒目标刺激消失）

在大脑的某个地方存在的假想的神经元活动

时间

持续的神经元活动

图 3-13　视觉后向掩蔽实验和持续的神经元活动

大白鼠是否能够体验到视觉后向掩蔽？

　　与双眼竞争不同的是，在视觉后向掩蔽实验中，大白鼠眼睛的特殊性造成问题的可能性是很低的。但是也没有任何依据可以保证大白鼠能够体验到视觉后向掩蔽。

　　因为大白鼠的视觉皮层与人和猴子不同，利用大脑的时间特性的视觉后向掩蔽实验，在大白鼠身上无法观察到的理由也是不难想象的。不仅如此，对大白鼠来说，灰度太浅、目标刺激只是短时间呈现等条件，都有可能阻碍大白鼠对刺激的知觉。以大白鼠为实验对象的研究经验丰富的专家也指出了这个问题。

因此，在这个项目的推进过程中，双眼竞争实验的失败场景在我的脑海中反复出现。幸运的是，我在第二次实验中，就观察到了大白鼠的视觉后向掩蔽错觉。而且，其时间差也与人类被试的时间差接近。两个刺激的间隔时间在 70 ～ 80 毫秒的条件下，目标刺激的知觉报告成绩急剧下降。

得到这样的结果，已经是项目开始后两年的事情了！

小白鼠是否能够体验到视觉后向掩蔽？

在得到上述结果的一年之后，也就是 2014 年春天，我在美国图森（Tucson）举行的两年一次的国际意识科学大会上，得到了与科赫讨论的机会。当我告诉他，我得到了大白鼠能够体验到视觉后向掩蔽这一结果时，他的眼睛瞪得圆圆的，然后他立即提出要和我一起进行研究。

当时作为意识科学研究领域第一人的科赫，从加州理工大学跳槽到专门研究小白鼠的艾伦脑科学研究所（Allen Institute of Brain Science），小白鼠的视觉后向掩蔽实验对他来说正是敲门砖。对我来说，艾伦脑科学研究所的先进测量设备也是非常有吸引力的。

唯一的问题是，我花费了几年的心血致力于用大白鼠来研究意识科学，而与科赫合作开展研究，需要我把重心从大白鼠转移到小白鼠。并且，微软公司的保罗·艾伦（Paul Allen）坚持要用小白鼠做动物模型。

尽管在大白鼠身上取得了成功，也不能保证在小白鼠身上能成功。小白鼠的大脑重量只有大白鼠大脑的十分之一，小白鼠的视力还不到大白鼠的十分之一（图 3-14）。而且，当时澳大利亚的另一个研究组，听说我们以大白鼠为实验对象成功了，也正在跟进做同样的实验。

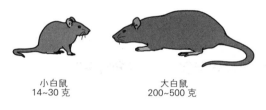

小白鼠
14~30 克

大白鼠
200~500 克

图 3-14　大白鼠和小白鼠体重

我在 2014 年的美国神经科学学会年会上发表研究成果的时候，有个学生出现在我面前，冷冷地说："我们最近也要开始研究大白鼠的视觉后向掩蔽。"这个学生只是在指导老师的安排下，做被分配的研究，并没什么错。但是从学生的话里，可以大概猜到我们的相关研究信息被泄漏了。我当时一边听着学生的话，一边感到某种莫名的恐惧。

对我来说，这个实验结果是经过千辛万苦才得到的。在得到结果之前，我根本没有任何成功的把握，可以说我是在用我的研究生涯做赌注。

然而，对随后跟进做同样实验的人来说，因为从一开始就知道实验能成功，所以可以没有任何顾虑地投入实验资源。而且科学研究可怕的一点就是，论文的发表时机决定一切，哪一方先开始做实验都不是最关键的。反过来，随后开始做实验的那一方，如果有更好的实验设备，更多的人力资源，便可以一下子逆转局面。实际上，在那以后，担心结果被他人抢先发表的研究组，都开始重视实验相关信息的保密管理。

利用光遗传学技术探求 NCC

　　幸运的是，实验动物从大白鼠到小白鼠的转换，成功地进行着（图 3-15）。在大白鼠身上积累的经验，加上图宾根大学（Eberhard Karls Universität Tübingen）两位学者的协助，小白鼠的视觉后向掩蔽实验用了半年左右的时间就成功了。而且，这次的实验，在时间特性上也得到了跟人类和猴子非常相似的结果。

图 3-15　我用的小白鼠的训练装置

以艾伦脑科学研究所的装置为基础开发研制。装置将小白鼠的头盖骨上的金属零件与自由运转的圆盘联动（大小恰好有硬盘那么大），将小白鼠放在圆盘上，通过圆盘转速对小白鼠的知觉进行测量。小白鼠通过安装在面前的奶瓶获得作为奖励的水（左）。这个装置可以同时训练几只小白鼠（右）。

也就是说，将小白鼠作为实验对象的时候，目标刺激上升到意识的条件，也需要神经元 70 ~ 80 毫秒的持续活动。并且持续的神经元活动才是我们所探求的 NCC。理所当然地，下一步的实验目的就定下来了，那就是探究 NCC 在大脑的什么位置。

因为 NCC 具备持续性这个性质，结合光遗传学技术，用以下的排除法便可以去探求 NCC 的真面目。首先向大家介绍一种借助光遗传学技术实现的强有力的操作手法，那就是"光遗传沉默"（optogenetic silencing）。

光遗传沉默是一种操作方法，可以使抑制性神经元发生强制性的点火，并且所有其他种类的神经元的点火率被控制在零水平。

重新看一下图 3-11，你就会明白，连接大脑皮层的各个部位，只有神经回路较长的兴奋性神经元。也就是说，这些兴奋性神经元的点火如果被抑制的话，向外部传达信号的手段就没了，相应的大脑皮层也就相当于变成了黑洞。即使有进入此部位的电脉冲，从此部位传出的电脉冲也会完全消失。换言之，对于其他大脑皮层来说，此大脑皮层相当于是不存在的。而且借助光遗传学技术的时间精度，一瞬间便可以使被抑制的视觉部位变成好像不存在一样。

将视觉后向掩蔽的结果与光遗传沉默的手法相结合，便可以实现"应用排除法探求 NCC"。实验原理如下所述，我把重点分条目列出来，请读者参考图 3-16 一起来思考。

（1）视觉后向掩蔽实验的结果，目标刺激（持续 16 毫秒）包含在 NCC 内的神经元活动持续 70 ~ 80 毫秒。并且，NCC 的指令（最

低限度的神经活动）即便只有部分神经元活动欠缺，也会影响目标
刺激是否能够被"看到"。

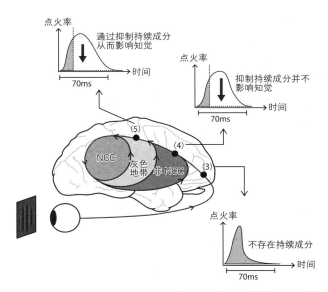

图 3-16 以小白鼠为实验对象的视觉后向掩蔽与光遗传沉默相结合的实验原理

（2）然而，与（1）相反的结果并不成立。也就是说，即便是神
经元活动持续 70～80 毫秒，并且仅有部分神经元活动欠缺时影响
"看到"的情况下，也不能说明这部分神经元包含在 NCC 之内。这
部分神经元有可能只对 NCC 起了辅助性的作用。

（3）从（1）可以推出，目标刺激的神经元活动持续不到 70 毫
秒的时候，这部分神经元的活动可以从 NCC 中排除（图 3-16 的
（3））。

（4）从（1）可以推出，在神经元活动持续 70 毫秒以上的情况下，
用光遗传沉默法损坏使其持续的成分，如果"看到"不受影响，就

说明此神经元活动可以从 NCC 中排除（图 3-16 的（4））。

（5）从（2）可以推出，在神经元活动持续 70 毫秒以上的情况下，用光遗传沉默法损坏使其持续的成分，对小白鼠的知觉报告产生影响的话，是无法判断其是否属于 NCC 的（图 3-16 的（5））。

首先，通过上述介绍，利用光遗传学技术的高时间精度的操作实验，大家是否已经感受到光遗传技术作为探求 NCC 的工具的潜力了呢？同时，希望大家也能够理解我提出的"使用操作实验的排除法"的具体用意。

实际上，一般在脑神经科学中，对操作实验的诠释是没有这么严谨的要求的。我们之所以要求这么严格，是因为我们研究的是 NCC。在第 4 章和第 5 章中，我将向大家解释，对于今后的意识科学来说为什么揭开 NCC 的真面目是如此的重要。

未来的 NCC 操作性实验

目前，我们依据之前介绍的理论，在视觉皮层继续推进实验。并得到结果，初级视觉皮层符合上文列举的（4），高级视觉皮层符合（5）。

今后，我们计划从初级视觉皮层和高级视觉皮层两个方面同时发力，并探求 NCC 和非 NCC 的边界。但是即便是能确定大概的边界，也并不代表探索 NCC 的旅程就结束了。

　　这是因为，NCC 和非 NCC 的边界很有可能并非像视觉皮层之间那么模糊，而是有很大的可能性存在于个别神经元之间（参考第2章）。

　　值得庆幸的是，直到现在科学家们还在不停地努力，去提高光遗传学技术的空间精度。例如，用激光定位个别神经元，利用光干扰，去抑制接收光刺激的神经元，将光反应性的人工光敏感通道的形成限定于在一定条件下点火活动上升的神经元等，并且取得了惊人的成果。在这个发展日新月异的领域，能够投身于 NCC 的研究，我感到非常幸运。

如何看待意识的自然法则

大脑中的神经网络

首先让我们来复习一下前面的内容。

我们已经知道，单个神经元的活动也是有很大作用的。神经元接收并统合其他神经元发出的电脉冲，当上升到一定的值（阈值），形成并发出电脉冲。这些结构，在光敏感通道和神经递质等纳米级生物组织上有所体现，并且大概的原理已经被阐明。单个神经元里存在作为意识源泉的未知构造的可能性是极低的。

至于神经元的集体性活动，人类的大脑中有上千亿个神经细胞，这些神经细胞复杂地紧密联系、相互作用，形成巨大的神经网络。这个神经网络的运算基础是，从一个神经元群到另一个神经元群的点火模式的转变，而这个模式取决于神经元群之间的神经网络的分布方式。

换句话说，我们可以将大脑看作有些奇怪的电路板。它的规模是庞大的，布线极其复杂，但是作为其基本过程的神经元活动，和神经元组成的神经元群的局部运算，其实并没有那么神秘。

神经网络中若隐若现的意识

接下来让我们把目光转向在意识研究中已经弄清楚的事实。大脑这块奇怪的电路板是如何随着意识的变化而变化的呢？从洛戈塞蒂斯以猴子为研究对象做的双眼竞争实验结果中我们知道，根据是否能"看到"刺激，神经元活动强度随之变化。并且视觉皮层越高级，神经元活动强度的变化越大。

但是，无论是哪一级视觉皮层，意识与所呈现的视觉信息都不会完全一致。视觉体验有完全"看到"或者完全"看不到"的情况，然而神经元的活动却从来不会这么极端。即使呈现的刺激从意识中完全消失，相比完全没有刺激呈现的条件，神经元活动还是有所上升的。

也就是说，上升到意识层面的视觉世界，永远不会以同样的形式在大脑的任何部位被表现出来。所以，意识的中枢所在的地方承担着意识的部分功能这个逻辑在这里是不成立的。

很多实验结果显示的是，意识和潜意识在大脑内（除了初级视觉皮层）位于同一处。意识和潜意识的分界线并不像低级大脑皮层和高级大脑皮层的分界，而很可能是在大脑的各个部位中以复杂的交织着的界面（interface）的形式存在。

我们不能忘了第 3 章介绍的"看不到"的错觉，即视觉后向遮掩实验的结果。这一结果为我们指出，承担意识功能的神经系统不仅受特定的神经元和神经回路网等大脑硬件的制约，同时还受到持续性的神经元活动、运动的性质等的制约。

如果我们能够弄清 NCC 的真面目

人类对大脑的神经回路网的理解，日益深入。然而，我们对承担意识功能的大脑活动的了解，还远远不够。其中一个原因是意识的操作性实验的研究历史还很短暂，随着光遗传学技术等新实验工具的发展，相信将来我们能够揭开 NCC 的真面目。

假设我们能够弄清楚 NCC，这是否意味着我们能弄清意识的构造呢？让我们发挥一下想象力，先来看看会有怎样的成果。

假设神经网络 a 上的神经元群 α 活动的时候，产生"红色的苹果"的视觉体验，神经元群 β 活动的时候，产生"青色的梨"的视觉体验（图 4-1）。这个神经网络 a 跨越 A，B，C 三个视觉皮层，神经元群 α 和 β 都只有在持续活动十分之一秒以上，视觉体验才能产生。

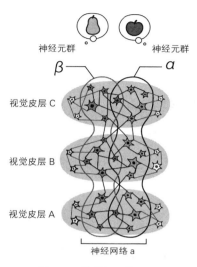

图 4-1　苹果和梨的 NCC

　　假设 NCC 已被确定，那么可以说意识的构造也能被弄清楚了吗？

　　更进一步假设，神经元的点火时间顺序和因果关系可以被确定下来（图 4-2）。神经网络 a 上的神经元群 α_1 首先接收到信息传入并开始活动，之后神经元群 α_2 随之活动，接下来神经元群 α_3 随之活动。假设经过这一连串的信息传入，"红色的苹果"才能上升到意识层面。

　　如果对 NCC 的认识能清楚到这个地步，就能揭开意识的秘密了？答案是"不能"。

　　如果想弄清楚的是，我们的大脑是怎样把苹果识别为苹果，并且伸手去拿苹果的话，那没有任何问题。因为这就像弄清楚机器人的电子大脑，如何根据运算原理去识别苹果，并驱动机器人的上肢伸向苹果一样。如果能够弄清楚从感觉传入到运动输出的神经元群的一系列的点火机制及其因果关系，并且弄清其运算原理，那么大脑的感觉运动转换的构造就彻底弄清楚了。

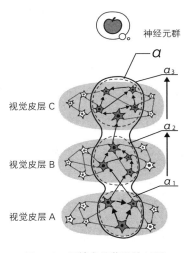

图 4-2　更精密的苹果的 NCC

　　然而，意识依然充满了神秘气息。为什么感觉意识体验（感受质）会伴随着掌管将感觉信号转换成运动指令的神经元点火的连锁反应而产生？这一点还是谜团重重。当我们在水果店里看到红彤彤的苹果时的"那种感觉"，将胳膊伸出去的"那种感觉"，当我们将苹果拿到手里的"那种感觉"，为什么会伴随着神经回路网的活动发生神经元的点火呢？关于这一点还完全没有头绪和线索。

掌管意识的风车小屋

17世纪的哲学家，戈特弗里德·莱布尼茨（Gottfried W. Leibniz）很早就抓住了这个问题的本质，进行了类似的思想实验。有意思的是，当时大脑的结构还没有被完全弄清楚，所以莱布尼茨把风车小屋（windmill）当作意识的"住所"。

我们可以联想到，如果我们迈入意识"居住"的风车小屋，可以听到铁制的齿轮一边发出沉重的声音，一边旋转，同时木制的磨在黑暗中也浮现在我们眼前。风吹动风车叶片时产生的力，通过轴传到风车小屋的内部，并通过大小不一的齿轮将其转换成驱动磨的回转力。风车小屋的功能（客观上）即"借助风力磨粉"，如果我们想去弄清楚的话，可以毫无疑问地将其结构原理弄清楚。但是，即使我们弄清了风车小屋的原理，风车小屋的意识（主观上）还是在哪儿都看不到的。

人类大脑的客观和主观之间也与风车小屋是同样的原理。

大脑的客观存在与风车小屋的功能是等价的。人通过眼睛和耳朵等器官接收到的感觉信息，以电信号的形式传入大脑。进入大脑的电信号，通过许多神经元群，最终转换成能控制肌肉的电信号。转换后的电信号通过中枢神经系统控制躯干的活动。大脑作为信号处理的机器，虽然比风车小屋复杂得多，但在原理上是可以解释的。哲学家查默斯将这些关于大脑的客观存在的问题归为"简单问题"（easy problem）。

而谈到大脑的主观问题，与莱布尼茨的风车小屋的意识一样，还是完全找不到线索。即便是将大脑的客观存在问题完全解决了，也丝毫无法向大脑的主观问题靠近一步。

意识的困难问题

正如上文所述，大脑的客观和主观之间的鸿沟才是意识问题的本质所在。如果借用哲学家约瑟夫·莱文（Joseph Levine）的话来说叫"解释鸿沟"，借用查默斯的话来说叫"困难问题"（hard problem）。

大脑的客观存在是神经回路网的活动，也就是电活动，是可被第三者观测到的东西。而大脑的主观存在是我们的意识本身，是我们的感觉意识体验。这里所说的"我们"正是刚刚说的神经回路网。主观结果其实就是，神经回路网以第一人称的形式去感受。

最大的问题是，我们并没有任何科学依据能将客观和主观联系在一起。一个是作为第三者对神经回路网进行观测得到的物理现象，而另一个是神经回路网本身以第一人称的形式感受得到的东西。我们并没有说明两者的因果关系的方法。

当然，我们已经知道的是，如果大脑的"脸神经元"点火的话，我们就可以看到脸。然而在这个事实的基础上，我们在这里要追究的是，为什么"脸神经元"点火，会产生对脸的视觉体验这个问题。

客观和主观，说起来就像一张纸的正面和反面的关系。同样是一张纸，但是格式是完全不同的。客观和主观之间的鸿沟可以看成是，以第三人称的视角观测到的神经回路网的电活动（正面），和神经回路网以第一人称的视角产生的感觉意识体验（反面）之间的错误连接。

从正面到反面的格式转换，即从电脉冲交错的神经回路网活动到我们细腻丰富的感觉意识体验的转换，比如对玫瑰的鲜艳的红色的热爱，是人工智能力所不及的。

自动调温器的意识

下面，让我们想象一下能够填补客观和主观之间的"鸿沟"的东西。

"在自动调温器里是否寄存着意识"。围绕着这个听起来像笑话一样的疑问，研究意识的专家们展开了形形色色的争论。

自动调温器是调节冷暖气排放的设备（图 4-3）。自动调温器里面有两片重叠在一起的受热后膨胀程度不同的薄金属片，金属片随着室温的变化而变形。这个原理被应用到开关上，冷的时候其中一片会弯曲打开暖气，热的时候反面的金属片会弯曲并且关掉暖气。虽然原理很简单，但是功能上是足够的。这个被称为"双金属"（bimetal）的构造，在工业革命时期的英国诞生，并在生活中被广泛应用。

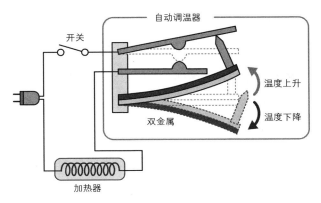

图 4-3　自动调温器

　　而且，这句话中的意识恰恰指的是本书讨论的感觉意识体验，即感受质。也就是说，刚刚的疑问并不是单纯的比喻。实际上这句话想表达的是，自动调温器随着自身的形状变化是否真的能感觉到"冷"或"热"。

　　主张自动调温器有意识的正是查默斯本人。他的哲学思想是，"所有的信息都具有客观的一面和主观的一面"，即"信息二元论"。根据这个理论，通过金属片的弯曲程度来维持室温的自动调温器里也有着最低限度的感觉意识体验。当然，自动调温器并没有肌肉和毛孔，在这一点上可以说与我们人类感觉冷或热的原理完全不同，但它仍然很有可能成为人类体温调节中枢的替代品。

　　读者也许会很吃惊，已经迈入 21 世纪了，学者们还在非常认真地讨论自动调温器的意识。其实这也没有什么不可思议的。实际上人类对意识还几乎是一无所知。专家与非专家之间最大的区别就是，专家知道我们人类对意识是"一无所知"的。专家所说的"一无所知"

正是上述主观和客观之间的鸿沟。正因为"一无所知"，所以无论用什么去填补这个鸿沟，在理论上都是无法被否定的，即使是像"所有的信息中都寄存着意识"这样乍一听很荒唐的说法。

假设这个说法是正确的，那么本书的 "现代的人工制品都没有意识" 这一大前提也就不成立了。根据查默斯的假说，月球背面的石头也是有意识的。因为石头会接收太阳光而伸缩，所以有自身温度这一信息。这么一来，还真的是万物中都寄存着意识。

意识到底是否可解？

读者应该已经对主观和客观之间存在鸿沟有了切身体会了。那么，我们真的可以跨越这巨大的鸿沟吗？

部分哲学家主张在理论上意识是不可解的。持这种观点的哲学家列举了很多不同的理论根据，例如大脑没有办法去理解意识本身，理解意识所需的复杂逻辑更是只有哲学家才能到达的领域等。

另一方面，也有很多科学家主张，运用现有的科学理论框架，是完全可以弄清楚意识的。这些科学家主张，解释鸿沟或者困难问题都只不过是糊弄人的表象而已，之所以听起来像真的，是因为现阶段还没找到解释意识的途径而已。

这些科学家中的很多人把意识研究过程比喻成对生命的研究过程。直到 20 世纪初，生命的结构还是未知的领域，并且人们认为区别生物和非生物的，是某种神秘的东西。然而今天，通过生物学上的种种科研发现，我们知道生命只不过是微观分子结构的组合而已。所以这些科学家主张，就像现有的科学理论框架使生命不再那样神秘一样，意识也会走同样的路。

然而很多从事意识研究的科学家，包括哲学家查默斯，还有克里克、科赫，以及忝列末座的我本人，都不赞同上述观点。我们认为意识并不是不可探究的领域，但是现有的科学理论框架，是没有办法去解释意识的。就像接下来要说明的，因为现有的科学理论是被封闭在客观的框架中的。

自近代科学确立以来，科学家们去挑战种种难题，并成功地解决了其中的很大一部分。爱因斯坦发现了质量和能量的等价性，并指出极少数的质量能产生巨大的能量。从他的狭义相对论导出的公式"$E=mc^2$"，把在那之前被认为是完全不同的质量和能量非常完美地联系到了一起。

沃森和克里克通过发现 DNA 的双螺旋结构，并将生命的自我复制还原到了生物分子的级别，形成生命的精密设计图隐藏在四个字母的符号中，这个跨世纪的发现，为我们带来了对生命的新理解。

然而这些发现也只不过是对客观与客观之间的关联性的阐明。质量、能量、自我复制、DNA 都是对客观世界的描述。生命本身当然也包含在内。现存的科学只不过是从第三人称的视角上去捕捉现象，到头来还是局限在客观里。

与客观不同，意识的科学需要的是将客观与主观联系上。所谓主观是指，神经回路网从第一人称的视角上感受点儿什么，这是现存的科学所不具备的新的视点。在某种意义上，意识科学超脱于现存的科学。

【专栏 4-1】心理学以及认知神经科学的定位

如果说现存的科学理论没有处理主观的问题，可能会引起误解。当然，心理学是以主观为中心的学问，这也是无可置疑的。此外，心理学与脑科学的结合，产生了被称为认知神经科学这一新的领域，并且在认知神经科学中，科学家们堂堂正正地讨论着主观和神经元活动的关系。

那么这个认知神经科学与想要科学地去处理主观的"意识科学"又有什么不同呢？实际上，在现阶段，两者研究的问题，以及从事这方面研究的科学家没什么不同。我也发表过认知神经科学领域的论文。

只是，在认知神经科学里，大家用巧妙的语言避开了意识的困难问题。在发表的论文里，可以用"意识内容的变化与神经元活动联动""通过实验操作抑制该神经元活动，会对意识产生影响"等说法，但是绝对不可以用"神经元的活动产生了意识"这样的说法。

　　大家都对坐在屋子一角的"座敷童子"*（意识的困难问题）持视而不见的态度。也可以说，因为用现存的科学理论框架没有办法去处理，所以大家就干脆当它不存在。在科学研究的主战场，即论文发表上，能堂堂正正地去讨论这件事的也只有哲学家了。

　　但是这种不好的风气随着"意识的自然法则"的引入逐渐有了变化。意识的研究终于到了关键时刻。

作为科学研究的基础的自然法则

　　虽然说意识科学不在现存的科学理论框架内，但也不是完全不相容。我反而认为意识科学也应该灵活运用、吸纳现有科学的基本理论框架。

　　这里的关键是自然法则（图 4-4）。我在前言里也提到过，自然法则不是从其他的法则导出的，而是组成科学的根本法则。比如，万有引力法则、光速不变原理等，就在自然法则内。如果有人问为什么的话，我也只能回答说"宇宙就是这样的"。

---

*　座敷童子，主要指日本岩手县的传说中的一种精灵。传说只有小孩能看到它，只要有座敷童子在，家族就会繁盛。作者在这里，巧妙地用日本传说中的精灵，来比喻在看起来繁荣昌盛的认知神经科学领域，大家都不愿意去触碰意识科学的问题。——译者

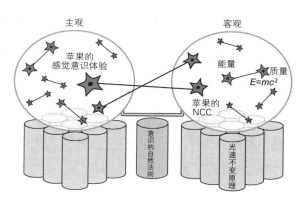

图 4-4　自然法则在意识研究领域的体现

对于科学来说，自然法则是必不可少的。无论是什么科学理论，如果我们去追究其来源，得到的都是无法再进一步还原的自然法则。看似缜密的科学理论，其根本都是不可动摇的自然法则。就像没有地基，就无法建起高楼一样，没有自然法则，科学就无法成立。那么，在意识科学里存在这样的自然法则也是无可厚非的。提出这个可能性的正是查默斯，如果把他的"所有的信息里都寄存着意识"的主张作为一个假说，可以说这就是一个自然法则。

对意识的自然法则的抵触

然而，查默斯的这个主张并没有被严肃地对待，而是被很多人看作怪谈。这是为什么呢？对我们上文提到的自动调温器的意识，大家有什么想法？"那怎么可能呢"，想必是大家的最直接的想法吧。

即使有人向大家说明意识指的就是"我","不过是神经回路网上的信息，与自动调温器的本质没什么区别"，想必大家也没那么容易接受吧。

这也正是查默斯的主张不被重视的原因——意识科学的绊脚石。即便是受了科研训练的科学家，说到自身的主观性，也没有办法摆脱主观的束缚。因为科学家也总是在现存的常识框架中考虑事情。

在这一点上，看看 NCC 的研究者科赫怎么说。真不愧是科赫，他在 2004 年出版的《意识探秘：意识的神经生物学研究》(*The Quest for Consciousness: A Neurobiological Approach*) 中评论道，查默斯的假说"虽然很难去验证，但是个很简洁并且有魅力的假说"。事实上我对自动调温器的意识持怀疑的态度，并且半开玩笑地在课堂上拿出来讨论。我还记得当我看到科赫的评论时，恍然大悟的情景。

现在暂且不论，科学家们能否摆脱主观束缚的关键，是从客观到主观的鸿沟，同时也是从主观到客观的鸿沟。既然我们无法找到联结两者的结构，也只能排除一切源于主观的预先判断来面对这个问题。

意识的自然法则需要满足的条件

对意识的自然法则的提议，源自查默斯对主观和客观的关系的假设。没有必要去回答为什么，也无法去回答为什么。正是因为无法回答，所以才是自然法则。也不是什么假说都可以成为自然法则的。意识的自然法则如果不满足一定的条件，是无法成为推动意识科学前进的原动力的。

成为意识的自然法则的条件，就是可验证性。光提出自然法则是没有意义的。如果不能被证明是正确的，是无法在其基础上建立理论体系的，即使建立了理论体系，也只是空中楼阁。也可以去证明自然法则是错误的，这样我们就会离真正的自然法则更近了一步。

我知道虽然这样说会招来哲学家的谴责，但是我觉得科学和哲学的不同就在于此。举个例子，将大脑作为物质，而意识作为非物质，并且假设二者是不同的东西，这种心身二元论是无法通过实验去证明的。正是因为无法证明，所以这个假说可以一直停留在"哲学的圣地"里。虽然在哲学的领域里，这个假说备受重视，但是作为自然科学基础的自然法则，如果不能接受科学实验的验证，就失去了其价值。

如何去验证意识的自然法则？

能够承担验证自然法则重任的只有实验！因为自然法则是科学理论体系的基础，所以不能用建立在自然法则上的理论去验证。如果我们更直观地去考虑一下，通过实验去验证意识的自然法则时，用的是已知寄存着意识的大脑，然而，这正是意识科学的最大难关。

为了使实验成功，我们必须排除一切可能干扰其结果的非本质性的因素。我以伽利略做的实验（也有人说这个实验是伽利略的学生做的）为例来说明这个问题。

在意大利的比萨斜塔上，伽利略让大小和重量不同的两个铅球自由降落。这里伽利略挑战的是自亚里士多德时期便有的定论"重的物体先落地"。从我们的日常经验出发去感觉这么说未必是错的。如果鸟的羽毛和玻璃球同时从高处落下，一定是玻璃球先着地。但是，我们真正想验证的是重力的作用。为此，我们需要排除重力以外的一切影响结果的因素。

伽利略之所以选择铅制的球，正是出于这个原因。因为在实验中，除了重力，空气阻力也会影响结果，所以伽利略用了重量足够大的铅球，这样空气阻力比重力的影响效果显著要小。

实验结果推翻了哲学上的定论。结果表明大小不一的两个铅球在完全相同的时刻落地。

如今，使用特殊装置，可以营造出接近真空的状态。在这样的条件下，羽毛和铅球是以完全相同的速度下降的。影响下降速度的两个力，即牵引物体的重力和物体抗拒其运动状态被改变的力量（惯性力），两者起到相反的作用。但是两者都具备随着物体重量增大而变大的特点。两个力互相抵消，下降速度也就不受重量的影响了。

伽利略之所以能在当时的技术条件下，准确地捕捉到物体受重

力作用的自由落体运动，是因为重力以外的因素，可以被控制到足
够小以致可以忽略的地步。

大脑是否可以验证意识的自然法则？

　　用大脑去验证意识的自然法则的难点在于，在排除无关因素的
问题上有很大的制约。

　　从查默斯的"信息二元论"来看，为了验证意识的自然法则，
我们需要从大脑中提取有关神经元点火或非点火的信息。就我们在
第1章已经讨论过的，神经元点火体现在离子通道等微观的生物组
织上，如果没有这些功能结构，大脑中的信息是不存在的。与伽利
略的自由落体运动不同的是，排除无关因素并不像排除空气阻力那
么简单。

　　这就成为验证自然法则的一个很大的制约。作为例子，让我来
介绍一下罗杰·彭罗斯（Roger Penrose）和斯图尔特·哈默罗夫（Stuart
Hameroff）的强大的对立假说。他们把被称为微管（microtubule）的
神经元内部的微小组织，看作是掌控意识的东西（图4-5）。

　　微管是直径仅有25纳米左右的管状结构，在神经元内支撑着
细胞。彭罗斯和哈默罗夫在微管产生的量子力学的效果中探究意
识的源泉。顺便说一下，在第1章里我并没有提到微管，是因为
微管与作为信息处理的要素的神经元活动并没有关系。

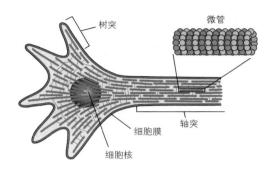

图 4-5　神经元内部的微管

　　微管除了有在神经元细胞内侧作为支架支撑细胞形状的作用，还能起到通过轴突搬运神经元细胞体生成的突触小泡等的"轨道"作用。因为它的体积极小，有人说它有量子力学上的效果。然而对于它是否能支撑起量子意识理论的框架，还有很多的争议。物体越小，在量子力学上的效果越大。

　　因为两位科学家提出的假说，将意识的结构与大脑的信息处理的结构分离开了，所以这个假说并不受广大脑科学家的欢迎。然而在现有的关于意识的假说里，这个假说是很流行的。就像这个假说有很多支持者一样，它也有很多反对者。说实话，我也反对它，但是这个假说也指出了意识的一个可能性，这一点是无可置疑的。

苹果从树上落下了吗？

　　如上所述，用大脑去验证意识的自然法则存在着很大的制约。

　　然而，我们不能将验证意识的自然法则的大脑的制约，和帮助、理解自然法则的"灵感"和"洞察力"的大脑功能混在一起。

牛顿看着苹果从树上落下的场景，得到了总结出万有引力定律的灵感。万有引力定律是指任何两个物体之间都有相互吸引的力，这个力的大小与两个物体的质量和物体间的距离有关。

牛顿看着苹果从树上落下，洞察到在地球吸引苹果的同时，苹果也在吸引地球。正因为有了这个定律，不仅我们平时看到的地球表面物体的重力特性可以被解释，天体之间的重力作用的特性也可以被解释，并且星球轨道等也可以被精确地计算出来。

如果拿牛顿的故事来比喻意识科学现状的话，那么意识科学还处在苹果没有落地的阶段。

所以在某种意义上，把对掌控大脑意识的 NCC 的探究作为探索意识的"灵感"和"洞察力"，在今后的研究中也是非常重要的。

合成分析

从对 NCC 的探索中得到意识的自然法则，然而却没有办法做最终的验证，这就像推进意识科学前进的两个车轮中缺了一个，不难想象，这是今后的意识研究的瓶颈。

我们需要在推进对 NCC 探索研究的同时，预期未来并先采取措施，那就是在意识的自然法则的验证中，对人造物的应用。

实际上，以"人工智能"为名，在计算机和机器人身上导入意识的尝试已经开始了。这里的关键词是"合成分析"（analysis by synthesis）。一边合成一边去揭秘其结构，听起来似乎是一种有些贪心的方法。合成的优点是，想怎么合成就怎么合成。就像人类挑战飞行一样，没有必要忠实地遵循固有模板。

人类挑战飞行，是从模拟鸟拍打翅膀的样子开始的。然而，这样的尝试，全都以失败告终。因为与鸟类发达的胸肌相比，人类的胸肌太薄弱，无法从安在胳膊上的翅膀处得到足够的浮力。

之后从屡次失败中遴选出来的是附带脚蹬式螺旋状旋转体的直升机（图 4-6）。这个机械模仿鸟的翅膀拍动，产生向下的气流，但在设计上跟鸟的翅膀完全不像。然而，这次也是完全靠人类肌肉的力量，结果没有飞上天空。

图 4-6 达·芬奇设计的飞行机械

接下来人类把目光转向了鹰等大型鸟类，这些鸟类不用拍动翅膀也可以悠然地在空中翱翔。终于，人们意识到鸟的翅膀的向上方弯曲的形状，才是使它们飞向高空的关键。首先诞生的是模拟鸟翅膀形状的固定式羽翼滑翔机，随后莱特兄弟实现了动力飞行。经过屡次的尝试和不断试错，人类终于实现了翱翔天空的梦想，并且由此产生了流体力学这门新的学科。

也就是说，如果科学实验等于从大自然中减去一些东西并提取本质的方法，那么合成分析则是从零开始加上一些东西，去创造本质的方法。

可以向机器中导入意识吗？——感受质衰减

我们不禁要问：寄存着意识的机器真的可以制造出来吗？很多科学家和哲学家至今都持在理论上是可能的观点。其中一个理由就是对个体的神经元细胞的理解有进步，而且个体的神经元活动也渐渐被揭示出来。

如果用有些粗暴的说法来讲，神经元的功能几乎已经都被发现了。当然，大脑中有数百亿的神经元错综复杂地缠绕在一起，理解这些神经元的整体活动还路长道远。但是，即使不能理解神经元的整体活动，下面介绍的思想实验，可以让我们预测一下，机器意识是否可能。这里介绍的是，已经几度登场的查默斯的思想实验——感受质衰减（fading qualia）。

首先，想象一下你正在注视着放在你眼前的苹果。第一步是将你的其中一个神经元替换成人造的。假设人造神经元与我们人类的神经元在功能上没有任何区别，并且可以丝毫不差地重现神经回路，那么其他神经元不会察觉到有一个神经元被调换了，从而它们会跟原来一样活动。

接下来，如果你的神经元被人造神经元一个接一个地替换掉，会发生什么呢？神经回路网的功能本身没有变化，而苹果的视觉体验会消失吗？如果会消失的话，是在替换成人造神经元的过程中，在某一个神经元被替换之后感觉意识体验突然消失，还是像天慢慢变黑一样，渐渐地消失了呢？

查默斯觉得两种情况发生的可能性都很小，他认为当大脑完全被人造的东西替换以后，视觉体验仍然是存在的。也就是说，人造物也是有意识的。

在这里，有趣的是即使查默斯的论点是正确的，神经元的所有功能结构也不一定全都要在人造神经元上重现。粗暴点说，人造神经元只要不被其他神经元发现，稍稍有点偏差也是没有关系的。为了产生电脉冲，人造神经元并不需要有各种离子通道的装置；也不需要准备突触之间的间隙，使神经递质起到传达信号的作用。人造神经元只要能够重现电脉冲传入传出的特性，就不会被其他神经元发现。

这样看来，查默斯的感受质衰减，事实上给我们带来了很大的启发。如果他的假设和推论是正确的，无论怎么去抽象化神经元，人造神经元构成的人造神经回路网都是可以导入意识的，也就是说让机器有意识并不是梦。

冯·诺伊曼式计算机有意识吗？

如果查默斯的观点是正确的，那么模仿人类大脑的机器也应该有意识。但是不得不说机器也是极其复杂的。根据感受质衰减的过程研制出的机器，虽然把个体的神经元抽象化了，但是在神经元之间的连接关系这一点上，是需要原封不动地重现人类大脑的。

人类的大脑里有数百亿个神经元，并且每个神经元在接收数千个神经元传入信息的同时，向数千个神经元传出信息。如果半导体技术没有惊人的进展，想通过人工制造来实现人类大脑的规模和复杂性几乎是不可能的。

如果是这样的话，计算机模拟的人造神经回路网有意识吗？

在这种情况下，与人类大脑的规模不相上下的计算机模拟已经实现了。人工模拟神经回路网，利用冯·诺伊曼式计算机一个一个地计算神经元的活动。因为冯·诺伊曼式计算机的 CPU 与我们的神经元相比计算速度非常之快，可以实现与我们大脑不相上下的、大规模的人造神经回路网。

但是，这个计算机模拟的神经回路网却没有办法产生感受质衰减的结果。因为如果截取一个瞬间，计算机里虚拟的神经元，是被截取的瞬间的一部分，并不像大脑一样所有的神经元同时通过电脉冲进行交流。

感受质的数字衰减（digital fading qualia）

那么，究竟计算机模拟的神经回路网是否有意识呢？让我们根据查默斯的感受质衰减来考察一下（图 4-7）。

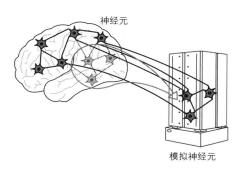

神经元

模拟神经元

图 4-7 感受质的数字衰减

为了使大家更容易理解，让我们假设只有一个计算单元。但是它的处理速度足够快，能够以足够的精度和速度，去计算和大脑神经元数量相当的神经元。

首先，和查默斯的思想实验一样，从生物体的大脑开始。第一步，将神经元中的一个替换成计算机模拟的神经元。这个时候，向被替换的神经元传入的神经元和此神经元传出的神经元需要连接到计算机上。如果可以成功地进行连接的话，那么这个替换就与原始的感受质衰减没有任何区别，并且其他神经元应该也不会察觉到有一个神经元被替换了。

第二个准备被替换的神经元如果与已被替换的神经元和大脑神经元连接在一起的话，情况就不同了。如果两个神经元都被替换了，那么这两个神经元的活动和两者之间的电脉冲交流则都在计算机中完成。

然而，即使出现这种情况，也是满足感受质衰减的条件的。如果被替换掉的两个神经元和两者之间的交流能够完全在计算机中重现，并且这两个神经元和与其相连的、大脑的其他神经元之间的神经回路能够被完全复原，那么对其他神经元是没有影响的。

就像这样，第三个神经元，第四个神经元，以此类推，被计算机模拟替换。被计算机模拟替换的神经元群，包括它们之间的相互作用只要能够被完全重现，那么大脑的其他神经元就不会发现。依据查默斯的论点，在这个过程中，感觉意识体验不应该有瞬间停止或者渐渐变弱的现象。

即便是大脑中的神经元只剩下一个，最后的这个神经元也会与其他神经元没有被替换之前一样地活动。而且，即使最后一个神经元也被计算机模拟代替，其活动也会在一定水平上重现原来的大脑的活动。

很可能，原来的大脑的意识，也会随之转移到计算机模拟的神经回路网上，而且持续地存在于计算机中。

【专栏 4-2】从感受质衰减去推测意识的自然法则

如果感受质衰减的观点是正确的，那么神经元中微观的生物组织对意识就不起任何作用了。意识的本质仅限于个体的神经元的传入、传出的特征。如果遵循这个思路，意识的自然法则很可能仅限于无数的神经元点火，引起其他神经元点火的高度抽象化的因果关系。如果上文介绍的感受质的数字衰减的观点是正确的，那么意识的自然法则的对象便是高度抽象化的东西。

仅有一个计算单元的计算机，计算出来的神经回路网是完全不存在物理上的相互作用的。当一个神经元点火，其产生的电脉冲到达下一个神经元的时候，原来的神经元已经被纳入计算机的内存里。为了让大家更容易想象这个过程，接下来让我们更详细地来看一下。

当一个神经元点火，其发出的电脉冲什么时间到达哪个神经元，是可以被计算出来的。随着计算机的时间向前推进，当计算机判断电脉冲已到达另一个神经元的时候，便开始计算突触的反应时间。

也就是说，一个神经元的点火一下子就引起了另一个神经元的突触反应。两者之间并不存在填补其时间空白的、物理上的相互作用。

然而，如果是人类大脑，神经元点火，产生的电脉冲通过轴突，到达突触，释放神经递质，这一连串的物理上的反应和相互作用是从不间断的。

所以说，计算机模拟的神经回路网的活动，与实际的大脑活动并不相同，计算机模拟的神经回路网的活动，仅仅是被高度符号化的因果关系而已。假设感受质的数字衰减的观点是正确的，那么意识的自然法则应该是被符号化的、高度抽象化的、对没有同步性的因果关系也起作用的东西。意识的自然法则本身应该是被高度抽象化的东西。

如果是这样的话，我们就不得不对冯·诺伊曼式计算机有意识这件事产生怀疑。因为当我们假设冯·诺伊曼式计算机有意识的时候，所得到的对自然法则的要求（高度抽象性）与科学常识偏离得太远了。

然而不可思议的是，当我们通过数字衰减的感受质，去追究冯·诺伊曼式计算机是否有意识的时候，在隧道的另一侧，我却可以看到对其存在的可能性坚信不疑的自己。

对这一点，让我们再深挖一下。让我们假设数字衰减的感受质的最后阶段，所有的神经元被计算机模拟代替，并且其中有意识的存在。

这时候，如果时而加快计算机的计算速度，时而减慢计算机的计算速度，会怎样呢？之前提到的"跳跃的因果关系"，因为不受计算速度的影响，计算机持有的意识，也应该完全不受计算速度变化的影响，而持续不变地存在。但是，计算机持有的意识的时间会随着计算速度的变化而偏离实际的时间。

这里有趣的是，当电脑的计算速度被控制在极慢的情况下，在时间接近被冻结的极限状态，意识的自然法则也发挥作用吗？如果是的话，那么意识的自然法则又具有怎样的特性呢？

让我们结合意识的自然法则的真面目思考一下。

假设我们能够用某种方法，将持有意识的神经回路网的所有神经元的点火时间记录下来。读取时间的对象可以是大脑，也可以是持有意识的人造神经回路网。

接下来，将所有的神经元点火时间加载到模拟的人工神经网络上进行重现。那么这个模拟的人造神经回路网仅有全部神经元，却没有其他要素（神经回路，突触）和结构（电脉冲的产生和搬运，突触的应答）。这样的话，虽然重现了所有的神经元的点火，但是仅仅是一个一个的神经元在重复着点火 - 熄灭的状态。

那么究竟这个模拟的人工神经网络是否有意识呢？我认为是没有的。因为如果仅看神经元点火的话，可能和持有意识的神经回路网没有什么区别，但是在这里不存在任何因果关系。其实这个就是所谓的循环推理，但是从模拟的人造神经回路网的思想实验中，我们可以推测，意识的自然法则很可能是对某种形式上的"点火的因果关系"的描述。

成为检验机器意识的阻力的哲学僵尸

在把目标放在发明持有意识的机器上的同时，用合成分析去揭秘意识的时候，会遇到一个大难题。那就是，我们没有办法去检验有可能存在于机器中的意识。就像在没有空气的地方努力地去发明飞机一样，即使飞机可以发明出来，也没有检验的方法。

之所以检验机器持有的意识非常困难，是因为需要假设存在"哲学僵尸"。哲学僵尸是查默斯提出的一种与人类相比，除了不具有意识外，在其他方面没有差异的个体。

在这个时代，比起只在电影里才能见到的僵尸，机器人可能更接近我们的现实生活。现在的机器人是没有意识的。将来机器人会变得除了不持有意识这一点以外，与人越来越接近。这些机器人和人完全一样地行动，并且如果被问到是否持有意识的话，机器人应该很有自信地回答说"有"。但是，借用查默斯的话来说，"All is dark inside."（内部是一片黑暗的），想必机器人不会持有任何感觉意识体验。

虽然哲学僵尸是假设性的存在，但是如果不做此假设，单纯地从对刺激的反应和回答的角度来考虑的话，是没有办法揣度机器是否持有意识的。同时，如果我们从莱布尼茨的"寄存着意识的风车小屋"的思想实验来考虑的话，无论怎么去调查机器的内部，也无法验证意识的存在。

说到这里可能已经有读者想到了"图灵测试"。图灵测试是计算机之父图灵用来测试人工智能是否已经达到与人等价的智能水平的一种实验。测试中为了避免被人工智能的外表和合成声音迷惑，被试通过终端和键盘与另一端的操作者进行间接的对话。如果人类无法分辨出终端另一侧的操作者是人工智能，人工智能便通过测试。虽然近年来人工智能有着日新月异的发展，但是对自然语言的理解和发声还远不及人类。至今还没有能够通过图灵测试的人工智能系统。

在里德利·斯科特（Ridley Scott）导演的、1982 年上映的以2019 年为时间背景的电影《银翼杀手》（改编自菲利普·迪克的一本科幻小说《仿生人会梦见电子羊吗?》）里，有一幕是对"人造人"进行图灵测试。人造人是使用生物材料制作的人形的机器人，从外形来看与人类完全没有区别。在这一幕，人造人面对面地直接对图灵测试作答。

　　与图灵测试同时进行的还有一种叫罗夏墨迹测验的心理测试。罗夏墨迹测验是由瑞士精神科医生赫尔曼·罗夏（Hermann Rorschach）创立的，是通过将墨迹涂到纸上，并将纸对折得到左右对称的图案（图4-8），在测试中将这些图案呈现给被试，让被试报告看到图案后立刻浮现在脑海中的东西，从而对被试的思考过程以及精神状态进行推断。在《银翼杀手》的测试场景中，进行两个测试的同时，监控被试瞳孔的变化以及发汗程度。尽管这样，其中一个人造人差一点就通过了测试。

图4-8　罗夏墨迹测验

　　电影中的人造人是否真的具有意识，我们无从知道。然而，通过巧妙地制造机器，即使机器不具有意识，想要通过这些测试应该也不是那么困难。也就是说，仅仅靠"客观"是没办法识破机器是否持有意识的。

这里有可能是画蛇添足，如果我们去追究哲学僵尸这一概念的话，会撞到一个很恐怖的现实。不用说，是未来的类人机器人，现实中的我们可能需要去怀疑你的邻居是否具有意识。能确定具有意识的，只有能够亲身体验感觉意识体验的自己。笛卡儿的"我思故我在"本就是除了"我"不能适用于其他的，更别说是机器了。

应用人类自身的主观性的机器的意识测试

如果通过客观的外部观测和内部分析，都不能实现对人工意识的测试，那么剩下的方法只有一个了，那就是应用人类自身的主观性。将人类的大脑和机器连接，用人类自身的意识去探究机器的意识。如果从机器那里产生感觉意识体验的话，那么便可以得出机器持有意识的结论。

但是，这也不是光连接上就可以的。如果单纯是与大脑连接，并使其产生感觉意识体验的话，人工视网膜或者人工鼓膜就足够了。实际上，已经存在将摄像机直接与人的大脑连接得到了模糊不清的视觉图像的临床案例（图 4-9）。

也就是说，将大脑与机器连接得到感觉意识体验并不代表机器持有意识。

那么，只有机器有意识的时候才会产生感觉意识体验的连接条件

又是否存在呢？大脑生理学和解剖学证据表明，这样的连接条件所需
的正是我提出的"人工意识机器，大脑半球连接测试"的关键所在。
因为这个测试需要几个材料，我在这里依次说明。

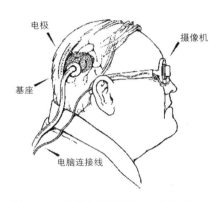

图 4-9　与大脑直接连接的人工视网膜示意

两个大脑半球，两个意识

　　罗杰·斯佩里（Roger Sperry）致力于割裂脑的研究。斯佩里也
由于这个研究于 1981 年获得了诺贝尔生理学或医学奖。割裂脑是指
通过"胼胝体切割术"的外科手术，左右大脑半球被分割开来的患
者的大脑。

　　动物的大脑，包括人类的大脑都是左右对称的结构。无论是
大脑皮层还是小脑，基本上都是左右对称的，两边各有一个。如
图 4-10 所示，每一对都分别位于左右大脑半球里，所有的部位加

在一起被称为大脑半球。笛卡儿所主张的心身二元论中指出与非物质性的意识交换信息的松果体位于两个大脑半球的中心，而这是很少见的。

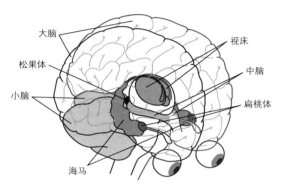

大脑
松果体
小脑
海马
视床
中脑
扁桃体

图 4-10　基本上所有的脑皮层都呈现左右对称的结构
松果体是一个例外

左右大脑半球分别控制着人体的右侧和左侧（图 4-11）。以视觉为例，以眼睛正前方的垂直的线为分界，人体左侧由大脑的右半球控制，右侧则由大脑的左半球控制，大脑左右半球有着明确的分工。同样地，皮肤感觉和运动控制也是大脑的右半球控制身体的左侧，左半球控制身体的右侧，就像分地盘一样完全分开来。

左右分离的大脑皮层通过前连合、后连合以及胼胝体三个神经纤维束连接在一起（图 4-12）。上文提到的胼胝体切割术切割的就是胼胝体。

胼胝体切割术是治疗癫痫患者的一种方法。癫痫是一种由于大脑神经元过度放电引起的一种疾病，在极其严重的情况下，可通过切断左右大脑皮层的连接来减轻症状。

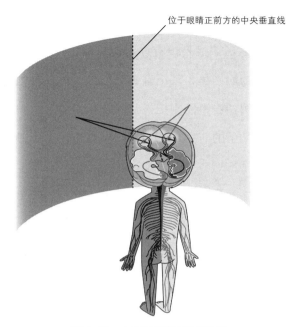

图 4-11　大脑左右半球功能分工

　　视觉、触觉、身体感觉、身体运动控制等，都是大脑的右半球控制身体的左侧，
左半球控制身体的右侧。这是因为延髓和脊椎的神经纤维是左右交叉的。

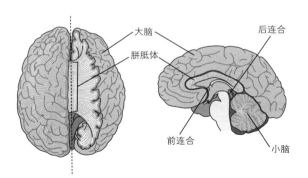

图 4-12　连接左右分离的大脑皮层的三个神经纤维束

胼胝体，前连合，后连合。

但是因为胼胝体切割术将左右大脑皮层各自负责的区域几乎完全分割开来，所以后遗症是没有办法避免的。特别是在将前连合、后连合全部切断的病例里，甚至有病患报告了对日常生活造成障碍的严重后遗症。例如右手刚刚把衬衫的纽扣扣上，左手却把纽扣解开了；还有拿着叉子的右手正将牛排送到嘴边，拿着刀的左手却妨碍右手这样做的行为。

然而令人吃惊的是，如果你去问做出这些行为的患者本人，得到的答案却是非常片面的。他们会说，"我就选了一件衬衫，用右手扣纽扣，但是左手却自己过来解开纽扣""我用右手拿着叉子将牛排送到嘴边正准备吃呢，拿着刀的左手却来妨碍"。不知道为什么，我们听到的只有大脑左半球的说法，完全听不到右半球的声音。

这是因为，负责言语和语言理解的几个大脑皮层（布罗卡区）位于大脑的左半球，所以只能听到大脑左半球的声音。并且根据大脑左半球的"供词"，听起来就像左半身被什么不认识的人控制了一样。如同控制左半身的右半球和控制右半身的左半球各自有独立的意识一样。

斯佩里，寻找右脑的供词

在一个大脑里存在两个意识，这正是令斯佩里获得诺贝尔奖的研究成果。但是左脑通过布罗卡区发声，而右脑只是沉默。如果我

们只从一方得到证词，作为证据是不够的，在科学研究领域里也是
不被承认的。

斯佩里绞尽脑汁想要引出右脑的供词，他将目光放在了右脑控
制的左手上。他想通过让左手抓东西引出右脑的意识。对于斯佩里
来说幸运的是，右脑也有足够的语言能力去理解实验的指示。

图 4-13 是斯佩里的实验设置。大脑左右半球被割裂的患者坐在
桌子前，将视线固定到屏幕的中心。这样，大脑的右半球只能看到
左侧的画面，左半球只看到右侧的画面。桌子上放有扳子、钥匙等
物品，左右屏依次呈现桌上的物品。在这种设置下，要求被试口头
回答左半球看到的屏幕上的东西，并用左手拿起右半球看到的桌子
上的东西。

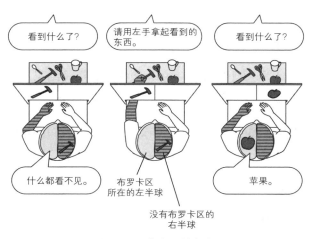

图 4-13　斯佩里的实验

实验结果如图 4-13 所示。在画面右侧显示图片并让被试口头回
答画面显示的东西的时候，患者能够答上来；在画面左侧显示图片

并让被试用左手拿起这件东西的时候，患者也能够正确拿起这件东西。有趣的是，当在画面左侧显示图片，并让被试口头回答看到了什么的时候（图 4-13 左），就像大脑存在两个独立的意识一样，患者的回答是"什么都看不见"。就这样，斯佩里成功地引出了大脑两个半球的"供词"，并且漂亮地证实了一个大脑中存在两个意识。

各个视觉皮层的大脑半球间的联系

斯佩里的实验以割裂脑患者为研究对象，展现了人的意识不只有一张面孔。

那么正常人怎样将独立的两个意识统合在一起，在两个大脑半球之间进行的信息交换又是怎样的呢？

随着斯佩里以割裂脑患者为研究对象的实验结果渐渐被接受，科学家们开展了广泛的实验，详细地分析两个大脑半球间的联络神经元。其中最严谨的手法是通过手术将猴子的胼胝体切除，几天以后对猴子施行安乐死，然后去研究大脑结构。手术后等待几天是因为要确保细胞突触坏死。突触坏死的原因是切除胼胝体导致轴突被切断，失去了细胞体。也就是说，通过观察坏死的突触，可以了解到来自另一侧大脑半球的联络神经元可以到达什么地方。图 4-14 是将猴子的大脑切成薄片并用显微镜一个一个地去观察确认坏死的突触，通过这个非常费力的过程得到的图。

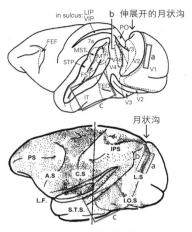

图 4-14　大脑半球间的联络神经元

上：为了弄明白猴子的视觉皮层的层级结构，将几个脑沟展开的图。下：由于胼胝体被切断而坏死的突触（上：改编自 Gross et al., 1993；下：改编自 Pandya et al., 1971）。

从图 4-14 可以发现来自大脑另一侧半球的联络神经元（即坏死的突触）的密度是有很大差异的。有的区域完全没有半球间联络神经元，有的区域存在高密度的联络神经元，不同区域之间存在着巨大的差异。

如果对比联络神经元多的区域和视觉皮层负责视觉区的位置，会发现图 4-14 中的 a 位于初级视觉区和次级视觉区的边界，b 位于第三视觉区和第四视觉区的边界。这些视觉区的边界从位置上来看，恰好是左右视野的界线（垂直线）。并且坏死的突触集中在 a 和 b 两个位置，而其周围却很少有突触的存在。也就是说，从初级视觉区到第四视觉区的中低级视觉皮层为止，在大脑半球之间的联络神经元，只是以好像把左右视野缝合在一起的形式存在于其间（图 4-15）。

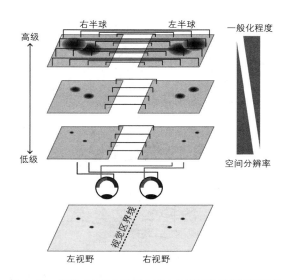

图 4-15　视觉皮层的层次结构和大脑半球间的联络神经元

联络神经元的这个特点，在高级视觉皮层是观察不到的。图 4-14 的 c，包括负责面孔识别的 IT（下颞叶皮质），而这个区域广泛地分布着坏死的突触。也就是说，在高级视觉区，大脑半球间的联络神经元以全面覆盖视觉区的形式存在（图 4-15）。

机器意识：连接大脑左右半球的测试

斯佩里割裂脑患者的实验和大脑皮层的生理学发现，都表明，关于视觉，大脑的左右半球是对等的，而不是意识仅存在于一侧大脑半球，另一侧提供视觉信息的非对称关系。而且大脑并不存在足够的半球间联络神经元能够提供这样的视觉信息。即使这种假设成立，一侧大脑半球也不存在能够维持左右视觉区的所有高精密视觉信息的容量。在中低级视觉皮层，没有依赖于视网膜坐标的泛化（变得模糊），因为右半脑负责左侧视野，左半脑负责右侧视野，视野的区分是非常严格的。

也就是说，正常人的左右视野之所以能够被统合成一个视觉体验，一定是因为原本独立存在的两个意识，借助大脑半球间的联络神经元通过某种方法整合成一个了。

"机器意识：连接大脑左右半球的测试"从另一个角度应用了这一点（图 4-16）。在这个实验里，将人类被试的一侧大脑用机器替换，并以人的主观视角去判断意识是否被整合，即左右视野是否以被整合的形式出现。假设出现统合的视野，就说明机器也具有意识，并且这个意识与另一侧大脑连接在了一起。

这个测试的关键是，将人类大脑半球与机器的大脑半球连接的时候，如何模拟人类大脑半球间的联络神经元的分布特点。这即人类大脑半球间的联络神经元像缝合左右视野的界线一样，存在于中低级视觉皮层。如果这个特点在机器的大脑半球与人类大脑半球之间也能存在的话，就不会出现前者像奴隶一样，仅作为后者的视觉信息输入的设备的现象。在这个条件下，如果机器的视野和人类大脑半球的视野，统合成一个视野的话，就不得不说机器也可以持有意识。

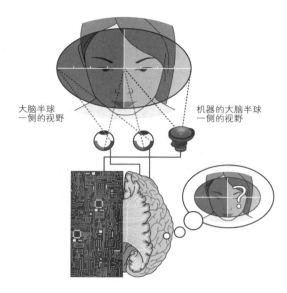

大脑半球
一侧的视野

机器的大脑半球
一侧的视野

图 4–16　机器意识：连接大脑左右半球的测试

意识是信息，还是算法

对意识自然法则的遐想

如标题所示，在本章中让我们对意识的自然法则进行一番遐想吧。

毋庸赘言，意识的自然法则将主观与客观联系在了一起。本书提出的意识的自然法则，跟爱因斯坦相对论的基础理论"光速不变法则"一样，有"这个法则是否能在现实中成立"这样的疑问。但问"这个法则为什么会成立"却是没有意义的。假如这个法则在现实中成立，那么关于"为什么它会成立"的疑问，只有"宇宙就是这样运转的"这一个回答。

正因如此，在某种意义上，就像被赋予了免罪状一样，关于意识自然法则的提案中"说过就是胜利"这样的现象比比皆是。至于如何评价"说过就是胜利"这种文化，那得看研究者是什么类型的人了。

在高中的时候，立志要成为理论物理学家的我，读了大量相对论和量子力学方面的书。考虑这两个理论的形成和发展，与凭借一个天才的深刻洞察而提出的相对论相比，我更喜欢凭借多位研究者日积月累的研究，才得以发展的量子力学，特别是早期的量子力学理论很有魅力。

当读到"电子在一些特定的轨道上绕核做圆周运动"的"玻尔原子模型"时，只是高中生的我，曾不知天高地厚地认为"这种解释，就连像我这样的人也能想出来"。在量子力学中，这种简洁明了的解释随处可见。

我正是因为想要追求这种简洁明了的魅力，才选择了走科学研究这条路。

所以，对于如我一样的研究者来说，"说过就是胜利"的意识科学是很有魅力的。在很多科学领域遭到吹毛求疵般口诛笔伐的现今，对于意识科学的批评只有一个：没有确立自然法则。岂止是法则没有确定下来，就连仅仅具有可能性的假说也是屈指可数。

意识科学之所以如此吸引我，就是因为它是一件尚未完成的作品。在本章中，我想让读者也品味一下这个"未完成之味"。

推测意识的自然法则的切入点

意识的自然法则把客观对象和主观对象连接在一起（图4-4）。

无可置疑，主观对象指的是我们的感觉意识体验。至于提出意识的
自然法则时，选什么作为客观对象，就要看研究者的手腕了。

　　这里，我选择第 4 章中出现的"机器意识：连接大脑左右半球
的测试"作为评判客观对象优劣的指标。这意味着，能否通过测试，
是评判意识自然法则恰当性的基准。

　　但是，"机器意识：连接大脑左右半球的测试"是测试机器的意
识的实验。我们将以此实验中对意识及大脑的识别方法为基础，向意
识的自然法则的客观对象提出这样一个问题："客观对象会不会受到
被分割为两个半球的大脑的影响而具有统合性？"

作为意识的自然法则的客观对象的信息

　　不管是查默斯的"信息二元论"，还是托诺尼的"信息整合理论"，
都是将意识的自然法则的客观对象当作"信息"来处理的。

　　两者的区别在于对"信息"的界定方法。查默斯把一般意义上
的信息当作为客观对象，而托诺尼则只把整合好的信息当作客观
对象。

　　简单来说，就是查默斯主张意识存在于所有信息之中，而托诺
尼则认为意识只存在于整合好的信息里。

　　那么，根据刚才提到的标准，让我们评判一下这两种假说的
恰当性吧。

查默斯的"信息二元论"

按照查默斯的理论，无论是月球背面的岩石还是恒温器，都是具有意识的。虽然查默斯的理论简单易懂，很有魅力，但是对于想要验证它的人来说，这一理论是个无从下手、让人伤脑筋的麻烦。之所以这样评价它，是因为查默斯最初提出它的动机，就是想尽可能简洁明快地，如电休克治疗般说明意识的自然法则的必要性。因此，到底查默斯是故意讲了这般豪言壮语，还是他真的相信就连月球背面的岩石也有意识呢？这件事因涉及哲学家的话语权，所以其真相只有查默斯本人才知道。

能确定的一点是，基于先前的标准来判断查默斯的理论成立与否，是一件很难的事情。这是因为，在这个理论中，虽然主张信息孕育意识，但是关于"到底由于信息中何处不同，才导致存在于岩石中的原始意识（如果这样的意识存在的话）有别于我们人类所具有的高层次意识"完全没有被提到。在这个理论中，没有可以插入"分成两个半球的大脑的特点"这个话题来讨论的余地。

托诺尼的"信息整合理论"

接下来，我们来评判一下托诺尼的"信息整合理论"吧。

首先，我们必须要解释清楚托诺尼所说的，有意识寄存于其中的"整合过的"信息是什么。

对此，我们以相机的传感器为例进行说明。

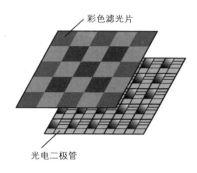

彩色滤光片

光电二极管

图 5-1 数码相机的传感器

在相机的传感器里，红、绿、蓝三种颜色的像素，按横向和竖向的排列顺序被紧密地拼接在一起。借助可过滤特定波长的滤镜，这三种颜色的像素接收对应的光并测量光亮。

显而易见，传感器通过镜头记录世界。单就"记录"这层意思来讲，高性能的相机配上高性能的镜头后，可以达到远超人眼的性能。但是，我们想要问的是，相机的传感器是否在"看"世界呢?

信息整合理论认为相机的传感器并非在"看"世界。与查默斯的假说不同，信息整合理论应用数学原理来推断我们获得的直观结论。正是由于采用了这种方法，信息整合理论有很多支持者。

信息整合理论认为，传感器中之所以没有意识的存在，是因为传感器中只有信息碎片。各像素点只对应镜头前方的物体，完全不受其周围环境的影响。另一方面，包括双眼视差，我们的视觉意识体验是被整合在一起的。这里所说的"整合"是指，映入眼帘的景象是作为一个完整的事物被我们所认知的。

基于这两方面的考虑，信息整合理论做出这样的结论，即整合了的感觉意识体验无法存在于只有分散的断片信息的传感器中。

关于这一点，信息整合理论很有说服力。这种"独立存在的信息，无法生成整合了的意识"的主张不需要任何前提假设。

"整合过的"信息

整合过的信息指的是什么样的信息呢？

托诺尼等人把整合过的信息定义为"作为一个整体的信息的量，要比把各个部分的信息加在一起还要大"的状态。

在刚才传感器那个例子里，因为传感器整体的信息量完全等于各个像素点的信息加在一起后得到的信息总量，所以它不符合"整合过的"条件。之所以会这样，可以归因于各个像素点是相互独立的。

顺便说一下，刚才提到的托诺尼等人中的"等人"，其实是我的朋友兼辩论对手——数学家戴维·巴尔达奇（David Baldacci）。他对早期信息整合理论的创立做出了巨大贡献。

接下来，以戴维为我所做的说明为基础，让我们看看整合过的信息的具体形象吧。

首先，请读者看图 5-2。

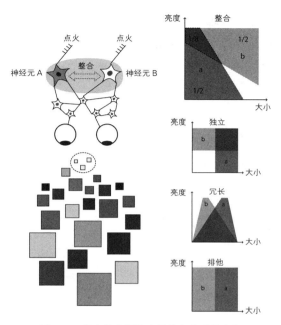

图 5-2　信息整合理论中的信息的"整合"

在图 5-2 中有两个观测值和两个神经元。两个观测值指的是"大小"和"亮度"。两个神经元会在各自对应的观测值达到阈值时点火。我们要做的是对有着不同大小和不同亮度的正方形进行筛选。

在右上方的图中，a 和 b 分别表示神经元 A 和神经元 B 的筛选范围。神经元 A 倾向于在正方形小且昏暗时点火，而神经元 B 则倾向于在正方形大且明亮时点火。

顺便提一下，a 和 b 恰好各占图形面积的一半。接下来，让我们使用一种被称作"互信息"（mutual information）的数学概念来理解一下这个现象吧。

互信息是表述"在观察一种事物的时候，对另一种事物的知识可增加多少"的一个概念。神经元点火就是这里所说的"一种事物"，而"对另一种事物的知识"指的是能在多大程度上预测推算出正方形的亮度和大小。预测推算的范围越小，对正方形的亮度和大小的说明越准确，所获得的知识也越多。

让我们具体看看观察到神经元点火（事物）时的信息量（对于正方形的知识的变化）吧。

在神经元点火之前，无法确定正方形的亮度和大小，图中的所有组合配对都是有可能出现的。接着，神经元 A 点火后，可以估算出的正方形的亮度和大小就缩小了一半。这个时候的信息量（对正方形的知识的增加）可以用比特（信息的计量单位）来表示，上述情况相当于 1 比特（缩小的范围为一半，即 $\frac{1}{2} = \frac{1}{2^1}$）。

观测到神经元 B 点火时，同样如此，因为正方形的大小和亮度范围均可缩小至一半，所以也是 1 比特（知识的增加）。

这样，被整合了的信息就是神经元 A 和 B 同时点火的情况。如果 A 和 B 同时点火的话，那正方形的亮度和大小的排列组合的可能性减小到极为有限的范围。本例中，因为可以精确到整体的八分之一，所以结合起来就有 3 比特的信息量（$\frac{1}{8} = \frac{1}{2^3}$）。

神经元 A 点火观察到的信息量与神经元 B 点火观察到的信息量相加后得到的总和（2 比特）相比，这个 3 比特的信息量更大，所以它满足信息整合的定义。

简单来说就是，如果神经元 A 和 B 同时点火获得的信息量多于两个神经元分别点火获得的信息量的和，那么 A 和 B 的信息就被整合了。

独立、冗长、排他的信息不整合

在上一节中所说，多个神经元的信息会不会被整合，是由神经元的反应特性的排列组合来决定的。接下来让我们再来看看，除了刚才介绍过的情况外，还会出现什么样的现象。

在图 5-2 右上方的图中，神经元同时点火的情况下，信息量等于两者分别点火的情况下的信息量的总和，说明信息没有被整合。

当我们仔细观察这种状态，就会发现神经元 A 不在乎正方形的大小，只筛选其亮度；而神经元 B 则相反，不在乎亮度，只筛选大小。在这种情况下，就像相机的传感器一样，这两种神经元都不在意对方所持的信息，处于相互独立的状态。

在图 5-2 右侧标有"冗长"的图中，神经元 A 加神经元 B 获得的信息量的总和，远大于整体的信息量。这种情况之所以会出现，是因为从两个神经元中获得的信息是冗长的。这里所说的"冗长"是指，根据神经元 A 的点火推断出的范围，和根据神经元 B 的点火推断出的范围，有很多都是重合的。当然，神经元同时点火时，因其范围不精确而信息不被整合的情况也会出现。

最后，在图 5-2 标有"排他"的图中出现了神经元 A 和神经元 B 的范围完全不重合，即"排他"的状况。这种情况下，两个神经元不会同时点火，所以没有办法整合。

左脑和右脑会被整合吗？

让我们以"机器意识：连接大脑左右半球的测试"为例来说明一下信息整合理论吧。

左脑和右脑的视觉信息到底能否被整合呢？

首先，看看中低层级的视觉区。在这些视觉区中，因为神经元的感受野很小，所以右脑只负责左视野、左脑只负责右视野，两者几乎不会重叠。也就是说，左脑和右脑的视觉信息是"排他"的，两者的信息不重叠的可能性很大。

高级视觉区呢？在高级视觉区中，神经元的感受野很大，以至于两眼的视野都已交叉，所以左脑负责的视野和右脑负责的视野大面积重合。因此，两个大脑半球显现的视觉信息是"冗长"的，这说明两者的信息不被整合的可能性也很大。

至此，按照正常思路，很有可能用信息整合理论无法说明大脑左右半球的意识一体化。但是，有一点必须要事先指明，到目前为止介绍的信息整合理论，仅仅是这个理论的"第一版"而已。那么，受到广大研究者支持、获得了巨大进展的信息整合理论如何处理这个问题呢？让我们拭目以待吧。

话虽如此，对于把信息作为意识的自然法则的客观对象这件事本身，我持怀疑态度。

把信息当作意识的问题

　　把信息当作意识的问题在于，信息本身并没有"意义"。只有当信息被读解后，才有意义。归根溯源，计算机使用的信息会被还原成 1 或 0。可以把这样的信息想象成一长串 1 和 0 的组合。这个 1 和 0 的数字组合，只有被解读后才有"意义"。经过解读和分析，枯燥的数字组合就变成了图像或者声音（图 5-3）。

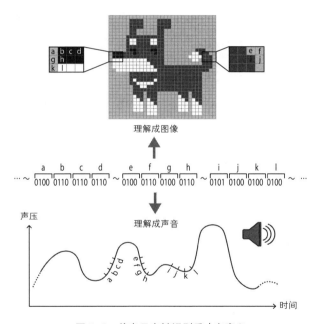

图 5-3　信息只有被识别后才有意义

　　计算机保存的信息是通过软件来读取、转化的。如果软件把信息识别成音频信息，那么它就会把一维排列的 0 和 1 数列，转换成几组数值，然后再把这几组数值进行排列组合。这样排列组合后输出到音响就会变成声音。

如果软件把信息识别成图片信息，也会按照同样的方式，先把信息处理成几组数值，再把数值进行二维排列组合。然后输出给显示器，就会变成图像。

经过这番说明，你能理解"信息经解读后才被赋予了意义"了吗？这里，希望你能注意的一点是，刚才提到的 0 和 1 的组合中哪怕只有一点点变更，也会被解读为完全不同的信息。其次，把音频信息作为图像信息来解析的话，只会得到噪点图像。也就是说，只有经过事先已知的，诸如这个 0 与 1 的数列是从哪里获得的、怎么被归类的（按 4 个一组，还是 8 个一组）、代表什么（音频还是图像）等问题的软件解析之后，才能让 0 和 1 的数列具有意义。

也就是说，计算机中一个一个的 0 和 1 本身是没有意义的！

大脑中的信息也是如此，神经元点火本身没有意义。无论是视觉皮层的神经元点火，还是听觉神经元点火，只看现象的话，其本质都是神经元的点火。

同一个神经元的点火，有"看上去"像红苹果的时候，也有"听上去"像小号的时候。之所以会出现这样的情况，是因为神经网络知道，这些点火从哪个感受器来的，以及该怎样处理。

我认为，不应该把作为信息的神经元点火本身当作意识的自然法则的客观对象。应该被当作客观对象的是，处理分析信息的"神经算法"。

神经算法是什么？

为了照顾不熟悉算法的读者，我先来介绍一下世界上最古老的算法——欧几里得算法。这个算法我们在中学就学过，求的是两个自然数的最大公约数。

两个自然数 M 和 N 按照下列方法重复计算可求出最大公约数。

（a）M 除以 N，得到余数 R。

（b）如果可以整除（$R=0$），那么 N 便是最大公约数。

（c）如果不能整除（$R>0$），则求 N 与 R 的最大公约数（把 M 换成 R 回到步骤 a）。

让我们试着按上面的步骤，求 21 和 6 的最大公约数。

① 21 除以 6，余数为 3（步骤 a）

② 因为不能整除，所以求 6 和 3 的最大公约数（步骤 a）

③ 6 可以被 3 整除（步骤 b），所以答案为 3。

按照这个规则计算，肯定能实现目标，求出最大公约数。

我们从这个例子可以看出，所谓算法即"计算的顺序和步骤"。进行一步计算，根据其结果来确定下一步计算。按照步骤重复算法，最终得到答案。

同样地，神经算法即"神经处理的顺序和步骤"。而且，在数目繁多的神经算法中，我认为，应把一种被称作"生成模型"的神经算法当作意识的自然法则的客观对象的第一候选。

下一节，我会把话题转到生成模型上。

为了判断这个生成模型可否通过"机器意识：连接大脑左右半球的测试"，作为事前准备，我想先说明一下与此密切相关的"脑中虚拟现实"这件事。

脑中虚拟现实

虽然在第 1 章已经说过"梦"这个话题，但是在这里我们还是要再说说关于"梦"的事。在梦境中，大脑是与外界和身体完全隔绝的。我们所感知到的三维立体的梦境，其实是躺在床上的大脑从零开始创作出来的。

那么，大家看到的是怎样的梦境呢？虽然会有很多脱离现实的成分，但是大体上重力正常运转、惯性正常运转、盘子被打翻就会摔碎、碎片会乱飞……这些在现实生活中出现的遵从物理法则的场景被如实再现。就算只有这些，也需要庞大的计算。这也就是为什么好莱坞电影中的 CG（computer graphics，计算机图形学）场景制作总会耗费数月时间。

而且在梦里，我们可以转移视线、活动身体，甚至有时候还能感觉到自己的体重。不仅如此，其他人出现在梦里，与梦中的自己说话，也是常有的。那个时候，梦中的自己，也会费心揣摩他人说的话的意思，尽管他人说的话其实是我们的大脑创造出来的。

也就是说，不仅是符合物理法则的自身运动的指令、身体形态，连具有独立意识的人物，都可以原原本本地在我们的梦境中出现。

在电影《黑客帝国》中，人类的大脑被连接到生成虚拟现实的巨大的计算机上，全然意识不到自己的感觉输入和运动输出完全受计算机操控，"正常地"生活着。做梦的时候，我们就像被连接到一个由大脑生成的"巨大计算机"上一样。这正是大脑创作出来的虚拟现实（virtual reality）。

当假定梦境是大脑创造出来的虚拟现实时，会自然而然地产生一个疑问：这般令人惊奇的大脑机能，只是为了做梦而存在的吗？

芬兰哲学家安蒂·瑞文苏（Antti Revonsuo）把清醒状态下意识的活动机制比作脑中的虚拟现实。他认为正因为大脑里有这样的虚拟现实，睡觉时使用这个功能才能看见梦境。

清醒状态下大脑的虚拟现实系统，基于感觉输入和身体的反馈与现实保持同步。这种同步更新可以说是感觉输入系统的锚定（anchoring）状态。这个大脑的虚拟现实系统在人入睡时，就失掉了它的"锚"，这样与现实世界漂离的梦境就出现了。瑞文苏将其假说称为"意识的虚拟现实的隐喻"。

【专栏5-1】当脑中虚拟现实远离客观现实时

首先，让我们找一找图5-4中两张照片的不同之处吧。

图 5-4　变化盲视（引自 Ma et al., 2013）

怎么样，找到哪里不同了吗？请注意，直到发现不同之处为止，我们的大脑都认定这两张照片是一模一样的。

接下来，让我们注视图 5-5 的正中央一会儿。

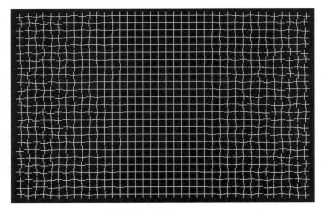

图 5-5　自我修复网格（Otten et al., 2017）

当我们注视图 5-5 片刻就会发现图周边破碎的格子渐渐地变完整了。

第一种现象被称为"变化盲视"，最早由威廉·詹姆斯提出；第二种现象是被称为"自我修复网格"（healing gird）的错觉。

不论哪个现象，都表明在视觉信息有缺损时，大脑会把"与其相似"的视觉形象展现给我们。

在图 5-4 中，出现变化盲视是因为，照片中的视觉特征有很多，当我们交互看两张照片时，因为大脑无法把所有信息都保留住，会出现信息的遗漏。对于这样的遗漏信息，在意识中就会依据"已经知道好多扇窗户连接在一起了，那么接下来出现的也是窗户吧"这样的视觉环境，出现"与其相似"的视觉补充。

自我修复网格也是同样的道理。长时间注视同一地方后，根据眼球的性质，视觉信息从外周视野开始破损。对于这个现象，在意识中就依据"图正中有整齐的方格，那么它的周边也会连着这样的方格吧"这样的视觉环境而生成对破损的修复。有意思的是，哪怕是断断续续的材料也可以生成对破损的修复，但是如果连破损的视觉特征（不成形的方格）都不存在的话，那么对其的补充也不会出现。

从这样的例子里，我们可以看出，即使我们觉得已经把世界的边边角角都看清楚了，也不意味着我们实际上看到了真实的世界。我们的感觉并不是直接观测外界。我们所看到的，从始至终都仅仅是大脑的虚拟现实系统，根据从眼睛或耳朵处获得的断片信息创造出"与其相似"的虚拟现实而已。

脑中虚拟现实在人们清醒时也在运作

接下来，让我们看看揭示脑中虚拟现实在人清醒时也在运作的例子吧。

脑中虚拟现实，需要有模拟环境的"环境模拟器"和模拟自己身体的"身体模拟器"。在操作三维射击游戏时，周围环境和手握枪的自己，同时出现在视野中。对大脑来说，身体不仅仅是单纯的外界环境。身体是一个由大脑操控的对象，从这个角度来看，对大脑来说，身体也属于外界环境的一部分。因此，如果没有身体模拟器，大脑就无法实现虚拟现实。接下来让我们看一个可以揭示身体模拟器真实存在于大脑中，并且在人们清醒的状态下也在运作的例子。

因事故等原因，手或脚被截肢的人，仍能真切地感到自己的手或脚的存在，并且还能自由地进行控制（图 5-6），这就是"幻肢"。

如图 5-6 所示，人会用实际上已经不存在的手臂去接递过来杯子，如果用力拉扯的话，也会感到手臂很痛。手臂已经没有了，如果不假设脑中有个虚拟手臂的"手臂模拟器"的话，就无法解释这个现象。

这个手臂模拟器，依据原先从大脑传递给手臂的运动指令来活动虚拟手臂，再将虚拟手臂活动后的结果，作为皮肤和关节的感觉反馈出去。

图 5-6 幻肢很真实

可作康复训练的大脑的身体模拟器

下面向大家介绍一个很有意思的实验，这个实验展现出身体模拟器的精巧程度。脑科学家、神经内科医生拉马钱德兰（Vilayanur Ramachandran）竟然令人震惊地对这个身体模拟器实施了康复训练。

手或脚在被截肢之前，如果经历了很长一段时间的麻痹状态的话，那么在截肢后，幻肢也会出现麻痹。麻痹本身并没有大碍，但是在某些案例中会出现患者幻肢的拳头是紧握的，幻肢的指甲深深嵌入幻肢的手掌，而出现疼痛反应的情况。有很多患者都受到这种被称为幻肢痛的症状的折磨。

然而，因为手臂已经不在了，就算医生想治疗也是束手无策。像把剩余的手臂再截去一段这样的荒唐治疗也有过，即便有效果，也只是一时性的，不会持续很久。

对于这个情况，拉马钱德兰利用单面镜制作了一个特殊装置（图 5-7）。

图 5-7　拉马钱德兰的幻肢康复训练

患者把残留肢体伸到此装置中，幻肢就会呈现在患者眼前。在此基础上，拉马钱德兰指示患者同时伸展或者握紧幻肢手和另一只真实存在的手。这样做之后，受到视觉的影响，握得紧紧的幻肢的拳头就会变得收放自如。

利用这个装置，通过几周的康复训练，在撤掉装置的情况下，麻痹的幻肢也能收放自如了。紧紧握住的拳头放松下来，幻肢痛也随之消失了。

拉马钱德兰的治疗方法生动形象地展现出大脑的身体模拟器的

精妙构造。模拟对象的四肢如果存在的话，哪怕在现实中失去了其中一部分，例如麻痹这样的特性也会被原原本本地保留下来。而且，如果认为必要的话，也可以对其进行康复训练。

　　大脑具有虚拟现实系统，人的感觉意识体验很有可能建立在这个系统上。你是否可以接受这个事情呢？接下来，让我们看看大脑的虚拟现实系统被装载在哪个神经回路上？下面要登场的是作为意识研究的中坚被选中的"生成模型"。

装载虚拟现实系统的神经回路——生成模型

　　大脑的虚拟现实系统以何种形式装载在大脑的神经回路网上？20 世纪 90 年代初期，川人光男和戴维·芒福德（David Mumford）提出了生成模型。

　　很久以来，大脑的视觉处理都被认为经过了从初级视觉区到高级视觉区的线性处理完成的。在第 2 章，我们根据这个传统的想法，对大脑的视觉处理过程进行了说明。

　　而生成模型调换了输入和输出的顺序，重视从高级向低级的处理流程。生成模型中的"生成"是指以高级区为基础向低级区输出。但是，关于这点想必有人会觉得不可思议吧。从大脑的基本构造上来讲，初级视觉区与感觉输入更接近，这点无可置疑。

　　就算是生成模型也没有背离这个基本构造。"向低级区输出"的意思是说，在高级视觉皮层的处理基础上，向低级区输出"推算值"。然后，用这个推算值与感觉输入得到的值进行比较，求出误差值。接着，用这个误差值修正高级视觉皮层的处理结果。

这就是说，生成模型的最终目标是使高级视觉区的活动正确反映外界事物的特点。关于这一点，生成模型与其他理论没什么不同。区别在于，生成模型在阐释初级视觉皮层的处理过程时，没有对高级视觉皮层的处理过程做囫囵吞枣般的理解，而是通过生成的过程确认其准确性。

为了让大家有一个具体的印象，让我们先来看看由低级和高级两个视觉区组成的生成模型。

最简单的生成模型和"电话联系网络"

最简单的生成模型是由一个高级视觉区和一个低级视觉区构成的。就其生成过程，我们把它比作"电话联系网络"（不是"电话调查"）。在第2章的电话调查的例子中，我们关注的是作为电脉冲的负载的神经元所发挥的作用。这个例子说明了一个神经元接收其他神经元的输出后决定其自身是否点火的过程。

那么，让我们从低级视觉区讲起。

我们假设初级视觉皮层的神经元对点反应。其实效仿胡贝尔和维泽尔的发现，假定神经元对线反应也是可以的。但是那样的话，图示就会变得复杂，反倒不易看清本质。当摸清全局形势后，我们再看实际的情况。

另一方面，在高级视觉区中，排列着对应"房子""树"等记号（标签）的神经元。"房子"神经元点火，意味着视野中有房子，"树"神经元点火，意味着视野中有树。

高级视觉区的神经元，起到联络员的作用。你可以想象一下一个联系员给多个人打电话的联系网。和电话调查一样，关键在于联系员为对方铺设的专用电话线。

我们先看看"房子"神经元。"房子"神经元的作用是让初级视觉区中具有房子形状的神经元点火，用图形样式显现出来。为实现此事而设的专用电话线的布线很简单，只要把线做成房子的形状就可以（图 5-8）。

通过这个方式，当高级区的"房子"神经元点火时，电脉冲就会以房子的形状传递到初级视觉区的神经元。在此基础上，如果将这些神经元的点火阈值调低的话，房子形状的点火图形样式就会出现在初级视觉区上。

当然，在高级视觉区里，除了"房子"神经元，还有"树"神经元或"人"神经元等，存在对应各种各样的视觉对象的神经元。与之相同，"树"神经元铺设树形的专用电话线，"人"神经元铺设人形的专用电话线。以上就是对生成模型的要点，生成过程的说明。

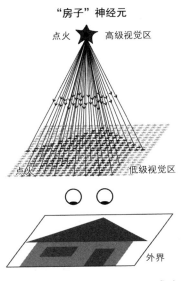

图 5-8　简单生成模型中的生成过程

生成误差的计算

在做进一步解释前，有一件事情必须要说明。其实，初级视觉区是由三个部分组成的。刚才介绍的是反应生成过程的"生成层"（图 5-9）。

除此以外，接收感觉输入的"感觉输入层"和计算两者误差的"生成误差层"也是必不可少的。

生成模型还包括计算生成层和感觉输入层之间的误差，也就是算出"生成误差"。我先对感觉输入层进行说明。感觉输入层是直接反射、接收外界光线的网膜。如果我们假定初级视觉区对"点"反应的话更容易理解。也就是说，视野里如果有房子，房子形状的点火图形样式就会浮现出来，如果有树存在就会有树形的点火样式浮现出来（图 5-9）。

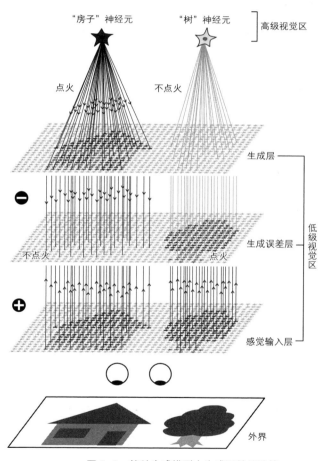

图 5-9　简单生成模型中生成误差的计算

生成误差相当于感觉输入层的与生成层的活动之间的差异，即误差。找生成误差就好像是在对比生成层和感觉输入层之间的点火差异。

在图 5-9 这个例子里，视野中有房子和树，但只有"房子"神经元在高级视觉区点火。因此，在感觉输入层，树和房子的点火图形样式都出现，而在生成层只有房子的点火图形样式出现。

生成误差等于感觉输入层的点火样式减去生成层的点火样式。为了做减法，感觉输入层中正的突触结合和生成层中负的突触结合分别受到生成误差层的垂直牵引（图 5-9）。

这样一来，"房子"有从感觉输入层和生成层出来的正的输入和负的输入相互抵消；而"树"只有从感觉输入层出来的正的输入。通过将生成误差层的神经元的点火的阈值调低，"树"的点火样式就会浮现出来了。

使用生成误差更新符号表征

生成模型的最后一步，是使用刚才的生成误差，修正高级视觉区的活动。这个过程可以类比"电话调查"进行说明。修正的核心在于找"犯人"。我们想确认因为高级视觉区的哪个神经元点火，或者是哪个神经元没有点火才导致了生成误差。

在刚才的例子中，树的形状的生成误差很大。"犯人"很明显，就是因为本来应该点火的"树"神经元没有点火，才导致了其形状的生成误差的出现。

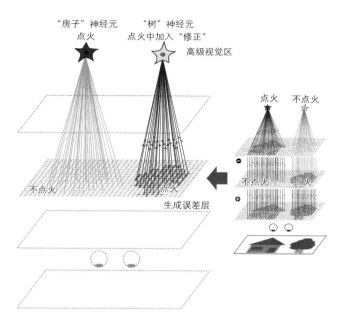

图 5-10　简单生成模型中生成误差对高级视觉区神经元的反馈

通过"电话调查"的原理就可以一步步地找到"犯人"。只要把高级区神经元向低级生成层铺设的专用线路，原原本本的从生成误差层中去掉即可（图 5-10）。

使用这个方法，生成误差层内出现了树的点火图形的话，"树"神经元的累积电脉冲变大。受此影响，本来没有点火的"树"神经元开始点火了。也就是说，不仅找到了"犯人"，也找到了修正这个错误的方法。

在这里，我以电话联系网和电话调查做类比，对最简单的，由两个视觉区组成的生成模型进行了说明。为了简单易懂，低级视觉区的神经元只对点反应，但是就算是对线反应这种与实际相近的情况，也没有本质上的变化。虽然需要在低级视觉区的各个层上除了横向和纵向外还要添上"斜向"第三个维度，但是如布线等都可以重复使用。

误差逆传播算法 *

但是，单靠由两个视觉区组成的生成模型，有些重要因素是捕捉不到的。这个情况对于分析意识来说也是本质问题。

至于所说的本质为何物，先埋个伏笔。在这里我想先介绍以把这个本质吸收融合到生成模型为目的的运作机制。这个被称作"误差逆传播算法"（back propagation algorithm）的运作机制，近几年在深度学习的核心部分中常常出现。用一句话来概括，误差逆传播算法是训练三层以上的神经网络的学习算法。

现在的研究热点——深度学习，是依靠高速计算机和庞大的供学习用的数据、几个革新性的想法，以及 20 世纪 60 年代开始出现的误差逆传播算法才得以发展。

---

* 误差逆传播算法是指在人工神经网络求解过程中，根据输出值和期望值之间的误差信号，自动地从后向前修正各神经网络层神经元之间的连接权重以使误差减小，依此不断地多次进行直到误差满足要求的算法。——编者

误差逆传播算法被认为是由戴维·鲁姆哈特（David E. Rumelhart）、杰弗里·欣顿（Geoffrey E. Hinton）和罗纳德·威廉斯（Ronald J. Williams）三人在 20 世纪 80 年代中期发明的。但其实，日本理论脑科学界的代表人物甘利俊一博士在比这早 20 多年前就对此理论进行过阐述。下面让我们来揭开历史的迷雾。

神经网络的研究在二战后不久就开始了。当时，对由两个层次构成的神经网络进行了广泛的研究。这个局面被一本书打破。这本书便是由马文·明斯基（Marvin Minsky）和西摩·佩珀特（Seymour Papert）合著的《感知器》（Perceptrons）。在这本书中，两层的神经网络可以识别的输入信息在理论上已经出现了破绽。

根据后来所述，此二人只是想点燃导火线罢了。但是，未曾想事与愿违，研究者就如一阵风似的放弃了理论脑科学，人工神经网络研究迎来了寒冬。

还有一个理由令明斯基和佩珀特的著作导致了这个局面，那就是当时没有让三层以上的神经网络学习的方法。也就是说，一方面，两层的神经网络的性能已经到了极限，另一方面，对操作三层以上的神经网络毫无办法。如果要认真解释这个事的话，就得搬出很多难懂的数学公式，超出了本书的范围。所以你只要能明白这个意思即可。

只有输入和输出两层的神经网络的学习过程是很简单的。要想对某个输入进行输出时，该怎样调节神经突触的结合强度，是显而易见的。按输入层的各个神经元来调整，如果想调高其输出，那么遵循赫布型学习理论，只要增强输送大功率的神经突触即可；反之亦然，想调低输出的话就做相反的调整（图 5-11）。

当变成三层以上时，难度陡然增大。如何调整、变换夹在输入层和输出层之间的"隐含层"的突触，这个问题难倒了大家。关于这个问题，甘利俊一做出了一个十分优雅的回答。他使用微积分的方法，导出了隐含层中的神经元突触活动方式。用一句话概括便是，隐含层中的神经元通过对突触结合的调整，对执行输出的多个神经元的"意向"进行推测（是调高还是调低），以此来决定自身的"意向"（图 5-11 下）。20 年后，鲁姆哈特等人将这个学习规则命名为"误差逆传播算法"。

顺便提一句，隐含层越多，推测过程越多，学习也就越来越难。甘利俊一在提出理论的时候，就已经注意到了这一点，所以按照日本人的行事方式没有过分宣扬自己的想法和见解。另一方面，20 年后发现此现象的鲁姆哈特等人以美国人的行事方式，极力宣传自己的发现，人工神经网络第二次大流行由此开始。

随着计算机的计算能力的增强，"学习过程进展缓慢"这个误差逆传播算法的弱点通过若干新设想被克服。深度学习也随之有了巨大进展。研究者想出了诸如"每次学习都损失一半的神经元"或者"在实施误差逆传播算法之前，通过各种手段先整合突触"等方法来调整突触的结合。

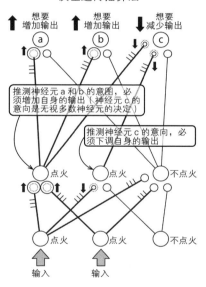

图 5-11　Delta 学习规则（上）和误差逆传播算法（下）

通过学习创造丰富的中间层表现

误差逆传播算法实现的三层以上的神经网络的学习，在理解、认识大脑本质这件事情上十分有意义。

它的意义既不在于输入层也不在于输出层，而是夹在两者之间隐藏起来的层（隐含层）构建起的神经处理过程。我们大脑里的输入层相当于眼睛、耳朵等感觉器官，而输出层相当于直接控制四肢、眼部肌肉，或者声带等的运动神经。但是，最重要的是大脑，神经处理过程的精华都集中在这里。

让我们看看生成模型。在由两个视觉区组成的生成模型中，可以做的处理有限。"房子"神经元也好，"树"神经元也罢，其点火模式是一样的。但事实上，无论是房子还是树，其三维构造有无数形态，而且哪怕只是观测者的观察距离或角度变动一点，看到的房子或树的样子也会发生变化。对有无数形态的房子或者树，只准备一个"房子"神经元或者一个"树"神经元的话，实在是过于牵强。

而且，由两个视觉区组成的生成模型还有一个局限，那就是完全不能进行三维视觉处理。比如，当人观察到两个物体重合在一起时，那肯定是前面的物体把后面的物体挡住了（遮掩）。但是由两个视觉区组成的生成模型，只能生成遮掩在一起的半透明的房子和半透明的树。这就是明斯基和佩珀特所指出的两个视觉区组成的生成模型的局限性。

想要解决这个问题，就必须得添加高级区神经元才有的"前方""后方"等深度知觉信息。还有就是在此之上，需要在生成过程中，准备三层以上的神经网络，使用误差逆传播算法进行学习。

关于"遮掩"这个问题，2006 年在我实验室工作的学生田岛觉弘和我一起做了一个研究。谁也没有想到，后来深度学习的兴起，使用了当时被认为落后的误差逆传播算法，为此还被审稿者批评了一番。我现在还记得当时我们商量，觉得也没有其他好办法，不如大胆尝试一下。

田岛觉弘后来对意识研究产生了兴趣，在一流学术期刊上发表了划时代的研究成果。而他却于 2017 年夏天突然离世了。想起前途无量的田岛觉弘，我的心情总是很复杂。从学生时代开始田岛觉弘就是一位出类拔萃的研究者，我那时总期待有朝一日能与他一起工作。

【专栏 5-2】将误差逆传播算法应用于生成模型

两层的生成模型有很多局限性，离实现大脑的三维虚拟现实有很大差距。虽然将多个两层模型叠加，使其看上去像多层模型的方法也有，但是这种方法并不能实现类似于"后面的物体被前面的物体挡住看不见"这样的被称作"非线性视觉处理"。

我和田岛觉弘为了在生成模型中实现遮掩，想出了利用误差逆传播算法让具有隐含层的三层人工神经网络学习的主意。

如图 5-12 所示，此模型是以两层的生成模型为基础的，只是将生成装置换成三层神经网络。问题是，怎么让这个模型进行学习？

通常，通过把感觉输入当作输入，把物体识别的处理结果作为输出，来让误差逆传播算法适用于视觉模型。

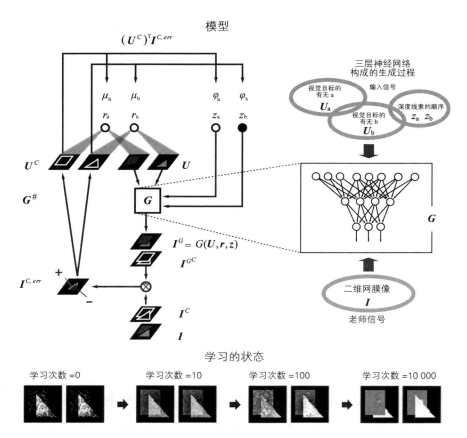

图 5-12　通过误差逆传播算法学习实现了 "遮掩" 的生成过程
（修改自 Tajima & Watanabe, 2011）

　　但是，生成过程的目的，是从符号表征中创造出初级表征。所以我们以符号表征为输入，初级表征为输出的误差逆传播算法让其学习。我们把视觉目标物体（即三角形和四边形）的有无，以及两者的深度线索当作符号表征。顺便提一下，与一般的生成模型相同，此模型的符号表征也是通过生成误差来更新其数值的。

跟一般的两层模型一样，在让此模型学习之前，两个视觉目标如果重合了就变成半透明的。这种现象就是"线性"神经网络处理的局限。通过几次学习，生成层就会出现"正确"的遮掩构造的点火样式。

多层生成模型实现的真实大脑的虚拟现实

为什么我们的感觉意识体验如此真实？虽然这个问题在第 1 章的前半部分也有所提及，但我还想就此再讨论一下。

让我们了解一下如何使用误差逆传播算法，让能灵活应对各种情况的生成模型进行学习。为了让这样的模型学习，需要在生成过程的高级视觉区上增添很多信息。

第一，需要添加是否存在类似于"房子"神经元或者"树"神经元等视觉目标的信息。另外，还需要类似于房子和树的三维构造或表面的光线反射特征等决定视觉对象特性的神经元。

第二，需要关于视觉目标配置的信息。比如，以观察者自身为中心，与观察物体的相对距离或朝向的信息，对于任何视觉目标都是必要的。

第三，需要关于光源的信息。如果光源是太阳的话，那么得知道是正午的太阳，还是傍晚的太阳。其他如月亮或电灯等也是如此，需要知道光源的特征和位置。

添加方方面面的信息，使用误差逆传播算法，想要获得的结果是再现视觉区的活动。为了能在各种状况下正确再现视觉活动，隐含层要做什么？

在三维世界里，随着人的运动，视觉目标与人之间的相对位置也会变化。比如我们面前有一棵树，树的后面有一座房子，如果我们向右移动，那么树和房子都会向我们的左侧移动。同时，面前的树移动的程度要更大些。还有就是，假设有两个物体摆在我们正前方，当我们向两个物体靠近时会觉得左侧的物体向左移动，右侧的物体向右移动。

也就是说，不管在何种情况下，想要正确地再现低级视觉区的活动，最完美的做法就是在大脑中将三维世界原原本本地模拟出来。

让我们想想 CG 是怎么做出来的吧。做 CG 时最先想到的是"有房子""房子前面有树""太阳落山"等 CG 图像设计方案。

在设计方案中制订的视觉目标，通过三维模型创造出形状，之后再在其表面添上质地。在做好视觉目标的外表之后，还要模拟环境中的光线效果。从光源发出的光照到物体表面，依据光的反射特性，计算出反射光。至此，具有光线效果的三维虚拟世界才算绘制完成。

在制作 CG 时，最后一步是虚拟相机的使用。虚拟相机可以固定观测者的位置和视角，从观测者的位置和视角见到的景色作为最终影像被呈现出来。

其实，有一种生成模型已经实现了类似于 CG 制作的过程。在深度学习的流程中，有一个被称为生成式对抗网络（generative adversarial network, GAN）的模型。通过将深度学习的种种手法，应用于生成过程或者误差逆传播算法中，会得到能以假乱真的图像（图 5-14）。

CG 图像的设计样式

- 目标类别（房子和树），目标的三维构造
- 目标表面的光线反射特性
- 目标的分布
- 光源的位置和特性
- 相机的位置

三维形状的构建

虚拟的三维世界

二维 CG 图像

图 5-13　CG 的制作过程

图 5-14　深度学习实现的生成式对抗网络模型的结果

　　在这种以假乱真的生成模型中，重要的是先将高级视觉区的符号表征推演到三维虚拟世界，之后再将其收敛到两个相当于照相机的眼球里的低级视觉区中。

　　这个过程便是最开始介绍过的，只由两个视觉区组成的生成模型所不具有的重要特征。大脑创造出来的虚拟视觉世界与由瑞文苏提出的"意识的虚拟现实"的假说密切相关。在这个假说中，把大脑创造出来的虚拟现实当作意识。生成过程中出现的丰富多彩的三维世界就是大脑里的虚拟现实。

　　这种虚拟现实不只局限于视觉世界。利用多层生成模型高度模拟视觉、听觉、嗅觉、味觉、触觉和本体感觉，以及下意识的判断或对他人意图的理解等，我们很可能创造出人的意识。

　　瑞文苏主张感觉意识体验的神经运作机制和梦的运作机制相同，这个想法与大脑中的虚拟现实吻合。在清醒状态下，脑中的虚拟现实通过使用感觉输入计算出的生成误差，与外界保持同步更新，但是在睡眠状态下无法获得感觉输入，无法计算得出生成误差。因此，高级符号表征不再受外界的束缚，而是陷入一种"漂流状态"。另一方面，因为生成过程还在继续运转，所以视觉世界仍是与外界相符的。

【专栏5-3】隐含层的特点

　　使用误差逆传播算法，隐含层神经元会表现出何种特性？想要回答这个问题可不是一件容易的事情。在这个学习规则中"揣测之后再揣测"的特性让信息分散到很多神经元里，这就造成了一种奇特现象：无法从第一印象来判断想要表现的是什么。大脑的隐含层中是否也会出现这一奇特现象呢？

　　戴维·齐普译（David Zipser）和理查德·安德森（Richard Andersen）对此进行了脑部测量实验，之后他们又把脑部测量实验结果，与利用误差逆传播算法进行训练的人工神经网络的隐含层做了比较。这种做法在当时是很先进的。那一年（1988年）正是鲁姆哈特等人提出的误差逆传播算法掀起人工神经网络研究的第二次高潮的时候。

　　他们测量的神经元是猴子大脑顶叶里叫7a的部位。7a被认为是在以视觉目标在视网膜上的位置和眼球的朝向为输入，以头的位置和脸的朝向为基准的"坐标系"中，起到表征视觉目标空间位置的作用。图5-15中显示的是为了与7a进行比较，模仿猴子大脑顶叶7a区应用误差逆传播算法训练得到的人工神经网络模型。

　　在这个模型中，隐含层的神经元的响应特性是很引人注目的。下方右侧的两幅三维图展示了隐含层的两个神经元的特性。图中所展示的模型是眼球的朝向固定不变，以视觉目标在视网膜的位置为 X 轴和 Y 轴，以神经元的点火概率为 Z 轴的模型。

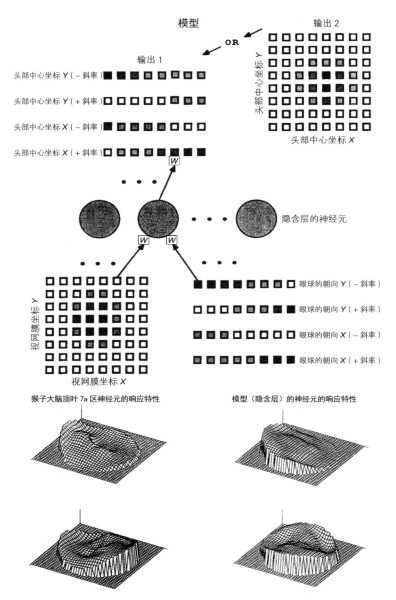

图 5-15 猴子大脑顶叶神经元的响应特性和利用误差逆传播算法训练的隐含层神经元的
响应特性（改编自 Zipser & Andersen, 1988）

两个神经元均展示了复杂且变化多端的响应特性。这种情况便是利用误差逆传播算法训练学习后的特征，也意味着隐含层中信息分散在众多神经元之中。

有趣的是，在猴子大脑顶叶 7a 区中观测到的两个神经元的响应特性（图 5-15 下方左侧的两幅三维图）同样展示出复杂的特性。这说明，不论学习过程如何，最终形成的大脑神经网络，与使用误差逆传播算法获得的人工神经网络并无太大区别。

其实，在人脑中不可能出现误差逆传播这个现象。误差逆传播算法是"采用梯度下降技术反向（从输出到输入）调整前向神经网络权值的一种监督学习算法"。误差逆传播算法中认定信息沿突触逆向流动。在深度学习兴起之前，代替误差逆传播算法的是活体大脑也能使用的学习方法。这样的方法被广泛研究，但深度学习兴起之后便销声匿迹了。多层神经网络因其只能用来学习而一度被忘记，现在又重新回到人们的视野中。很有趣的是，模拟大脑的算法，席卷了什么都能拿来一试的机器学习领域。但是，在机能主义盛行的机器学习领域中，模拟大脑的算法的研究热度能维持多久呢？

生成模型一体化

准备工作已经完成，终于可以开始使用生成模型进行"机器意识：连接大脑左右半球的测试"了。生成模型到底能否不受大脑左右半球神经分布的限制，跨越大脑半球完成大脑半球一体化呢？

生成模型的一个重要机能是高级视觉区的符号表征（比如，有座房子、夕阳西下等）。从图 5-13 的例子中可以体会到，符号表征需要在左、右大脑半球之间共享。这是为了应对出现横跨左、右视野的视觉目标，或从一个视野移动到另一个视野的视觉目标的情况。对于光源也是如此。哪怕光源本身只存在于一个视野之中，其影响也会波及另一个视野。

但是，有利于符号表征的是，IT（下颞叶）等高级视觉区在大脑左、右脑半球之间共享了很多信息。两个大脑半球的神经网络大范围存在于视野之间（图 4-14）。与此对应，跨视野的大型感受野（负责视野的领域）的神经元也是如此。

也就是说，单看生成模型的高级符号表征，是不受大脑左、右半球的制约的，信息是共享的。

影响一体化的问题主要在于生成模型的另一个重要机能，即生成过程上。负责生成过程的中低级视觉区（V1，V2，V3，V4）基本上是独立存在于大脑半球中的。

在中低级视觉区里，左半球中只有右视野，右半球中只有左视野。除了左、右视野的界限之外，几乎没有重叠之处（图 4-11）。此外，连接大脑左、右半球的神经纤维也仅位于左、右视野界限的附近。

因为中低级视觉区独立存在于大脑半球中，所以假如在生成过程中包含跨左、右视野的处理过程，便会受到中低级视觉区的限制。那么，实际情况到底是怎样的？

生成过程的第一步是从高级符号表征中创造出三维虚拟世界。其实，生成过程是否跨视野，取决于三维虚拟世界是以什么为中心构建起来的（相当于图 5-13 中的照相机的位置）。

关于这个问题，人、猴子、老鼠等的神经元活动的测量结果均显示，视觉区域中普遍存在视网膜坐标依赖性（外界和大脑以视线的中心为基准来表征空间位置关系）。这意味着，如果由中低级视觉区所展现的三维虚拟世界中有中心的话，那这个中心便位于观察者视线的正前方。

用图 5-13 的 CG 制作打比方，就相当于三维虚拟世界中的照相机，总是位于正中央。在此基础上，视线移动后，照相机的位置和朝向不变，虚拟现实围着照相机转。

而且，非常凑巧的是，在这个条件下生成过程"几乎"不会横跨大脑左、右半球。让我们以图 5-13 为例看看生成过程的各个处理阶段。

第一阶段始于高级符号表征，形成线框模型（wire frame model），然后生成视觉目标的表层（surface）的过程不会横跨左、右视野。只要共享高级符号表征，就可以在左、右视野中得到两个相互独立、互不干涉的表层。

下一步是把光打到由表层构成的虚拟三维视觉场景上，获得照相机拍摄的图片。光源发出的光照到物体表层上，基于光的吸收和反射定律，计算出照相机接收到的反射光。之后，包括从光源直接发出的光，把照相机所能拍摄到的所有光聚集在一起，这样生成过程便完成了。

关于生成过程的最后阶段，其处理同样"几乎"不会横跨左、右视野。光源的信息（光的种类或朝向）作为高级符号表征被共享，所以在左、右视野里，照到物体表层的光会被分开。反射光的算法也一样，"几乎"不需要跨视野的处理。

之所以强调"几乎"，是因为如果一个视野中的视觉目标反射到另一个视野中的镜子上，就需要跨视野的处理。但是，即使如此，在高级符号表征下，如果把平面镜成像原理这一特性也符号化了的话，则不需横跨左、右视野的处理也能达到同样的效果（比如，左视野中的桌子，反映在右视野的镜子里的符号化表征）。

因此，按照前面所述，对于生成过程也是如此，不受分为左、右两个半球的大脑的限制。负责生成过程的中低级视觉区，虽然几乎相互独立，但是生成过程的各个阶段，都是在各自的视野之内完成的，不需要大脑半球间的神经联系。

也就是说，就算将高级符号表征考虑在内，也能得出这样的结论：生成模型不受大脑解剖学及生理学结构的制约，可以横跨大脑两个半球形成一体化（图 5-16）。

顺便多说一句，其实现在并没有确切的证据表明大脑中存在三维虚拟视觉世界。我们的三维视觉体验至多只能算提示了三维虚拟视觉世界的存在。神经元测量的研究还没有捕捉到三维虚拟视觉世界的存在。

之所以会这样，可能是因为负责生成过程的中低级视觉区的神经元的反应特性很复杂，也说不定正以某种未知的形式，来表现三维虚拟视觉世界（参考专栏 5-3）。相关研究也许捕捉到了一些迹象，只是研究者没有发现而已。期待今后这一领域的研究会有重大进展。

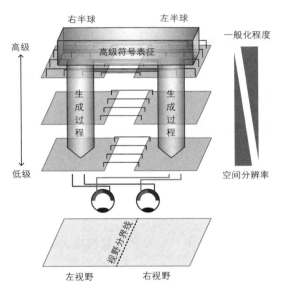

图 5-16　不受分成左、右两个半球的大脑的解剖学和生理学结构的制约，
形成一体化的生成模型

【专栏 5-4】泛化程度加深、精细程度减弱的高级视觉信息有完整的生成过程吗？

也许有读者会问，高级视觉区里是否存在具有高清晰度的视觉信息？如果高级符号表征是模糊的、高度抽象化的，那么从中生成的虚拟三维世界是不是也会变得不清晰？

这是个关键问题。对此我觉得有两种可能性。

第一种可能性是这个问题可以通过多层生成模型来解决。这里所说的多层是指把"生成过程及反馈的生成误差"作为一个模块按顺序排成一条直线的意思。排在上方的模块的底层作为排在下方的模块的最高层发挥相应功能，一个模块中的"符号表征"和"感觉输入"是相对的（而不是固定的）。

通过这样的模块设计，在各个模块中，由感觉输入生成的误差可以吸收高级符号表征的修正信息。用第 2 章提到的"泛化"来说就是：抽象化的高级符号表征，通过这个过程逐渐变得具象。也就是说，宛如照片般真实的三维虚拟世界，由高级视觉区的符号表征和精细程度更高的感觉输入的信息混合被构建出来。

如果真的是这样的话，我们的梦境体验，还是赶不上清醒状态下的视觉体验。例如我有在梦里读到写在纸上的比较大的字的记忆，但是却没有在梦里读报纸上的字的记忆。不知道大家是否有类似的体验？

第二种可能性虽然很容易想到，但也有必要认真分析一下。那就是与认知神经科学的固有观念相反，在高级视觉区中，具有高精细度的视觉信息也会完整地被保存下来。

在这种情况下，像中、低级视觉区一样，只有一件事是可以确定的：各神经元不具备通过小感受野（负责空间位置）把视觉世界分割成像素的信息表现形式。但是，信息的表现形式极其复杂，仅凭测量几十个、几百个神经元，是无法推导出全部的可能性的。令人感到意味深长的是，在第3章提到的神谷之康的研究所里得到过暗示这种情况存在的实验结果。

但是，即便假设高级视觉区存在具有高精细度的视觉信息，单靠这个我们的意识体验很有可能不会成立。英国的脑科学家泽米尔·泽基（Semir Zeki）发表过一个案例，中级视觉区 V4 受到局部损伤的个体报告，自己从未做过具有视觉影像的梦。

用生成模型说明意识的时间延迟

在第3章，我们提到过意识产生的时间要慢几百毫秒的现象。现在我们可以用生成模型来说明意识的时间延迟。

重复计算一系列视觉处理直到生成误差（生成过程的结果和感觉输入之间的误差）最小化为止，这是生成模型作为神经网络算法的特征。而且，在重复计算的过程中，生成误差逐渐减小。随着生成误差渐小，虚拟视觉世界越来越接近真实世界。

也就是说，生成误差没有达到最小化之前，三维虚拟视觉世界中会充满矛盾，这是一件没有办法的事情。比如，对于眼前的"猫"，在高级"猫"神经元和"狗"神经元同时激活的情况下，就会出现看上去像"猫狗"的现象。

　　从相反的出发点考虑，我们没有看到这样的奇异现象，说明在生成误差被最小化之前，有某种装置把虚拟视觉世界阻挡在意识之外。如果存在这样的装置，那么意识的时间延迟就可以说通了。

　　也就是说，因为要等待生成模型的生成误差最小化，展现没有问题的"正常的"三维虚拟视觉世界，所以意识会发生延迟。

　　虽然这里我就简单地写了一句"生成误差最小化"，但是要做到这件事情，首先要明白意识的目标是通过神经算法而不是信息实现的。因为如果通过信息去实现意识的目标的话，就还需要一个高机能的装置来甄选现在意识里的信息和没有出现在意识里的信息。信息整合理论算是对这个事情的一个尝试。但是，想要把信息的整合和此处所说的让信息出现在意识里，这两件事相匹配应该不是件容易的事。

　　另一方面，关于在第 3 章提到的，不出现在意识里的高速视觉处理，也可以从生成模型的生成误差的观点出发做如下解释。在这里我们还用职业棒球击球手来打比方。

　　职业棒球击球手在挥棒时，优先处理的是视觉处理速度。球棒打到球的精细的视觉信息，必须争分夺秒地传递到负责意识决策的脑区（判断是否要挥球棒）以及计算运动指令的脑区（决定挥棒后，计算何时挥动球棒）。

　　如果假设这种需要做最快处理的"视觉信息"使用的是生成模型中生成误差尚未完成最小化的视觉信息的话，那事情就能说通了。

　　首先，对处理速度要求极高的视觉信息，从负责意识决策和负责运动指令的脑区传送到生成模型，但在这个时候，因为生成误差的最小化还没有完成，所以充满矛盾的视觉世界不会出现在意识中。之后，在生成误差达到最小化后，虽有延迟但还会出现在意识里。

这样考虑的话，意识决策和与其对应的能动性行为，先出现在潜意识中，之后知觉及对意识决策的解释的感觉意识体验才随之出现。如果把李贝特提出的"主观的时间逆行"作为感觉意识体验的时间调整器，加入生成意识的算法中的话，那就再好不过了。

通过生成模型实现意识的目标后可以解决的其他问题

把生成模型视为实现意识的目标的方式还有其他的好处。

为什么神经元点火有时产生视觉体验，有时产生听觉体验呢？此事与在本章前半段出现的对"信息的含义和解释"的讨论有关，接下来我将对此做补充说明。

设想大脑的信息（神经元点火）是意识的载体的话，那么这件事就不好解答。其实，无论是视觉还是听觉，被输入到大脑皮层之前的神经元的点火信息，受感受器信号特征的影响（比如如果是声音的话就根据声音频率来点火）很大。但是，这样的信号特征在信号进入大脑皮层后就迅速消失，只看神经元点火的模式的话，分辨不出是视觉区域的神经元还是听觉部位的神经元。

但是，如果把神经网络算法，特别是生成模型当作意识的载体的话，就可以得出上述问题的答案。这是因为在生成模型的生成过程中，视觉或听觉等感觉通道的信息性质彼此间有很大差异。

如果是视觉，存在于空间某处的一段线向相邻空间一直延伸的可能性很大。如果是听觉信息的话，位于时间线上的某一点的波从过去的某一点发来，经过此点再向未来传播的可能性很大。

只有在生成模型中，才能反映出感觉通道的区别，这样作为动作目标的低级脑区的信息表现的精度，才能被高度还原出来。也就是说，通过那些可以鲜明地反映各个感觉通道的不同特征的生成模型实现意识的目标，多种多样的感受质才能作为完全不同的事物被感知到。如此一来就能很自然地解释清楚了。

除此之外，让我们从不同于上一节的时间观点的其他视角出发，来看看出现在意识里的信息的区分。

就像在第 2 章中介绍的那样，特别是在低级视觉区中，充满了不会出现在意识里的信息。比如能在初级视觉皮层中看到的光的波长信息，或者"原始的"动作信息等。

但是，如果只靠信息的特性（如是否被整合）来区分它（指来自初级视皮层的原始的光波长信息）与出现在意识里的视觉信息（比如表示颜色恒常性的 V4 的信息）是件不容易的事。如把信息当作意识的载体，那么就很难区分意识和潜意识。

另一方面，把神经网络算法当作意识的载体的话，什么信息会出现在意识中，什么信息不会出现，就由信息在算法中的地位来决定。

从多层生成模型来看，隐含层的三维虚拟视觉世界的信息表现会出现在意识里，低级视觉区的生成层、感觉输入层和生成误差层等不会出现。这样，问题就被轻松地解决了。

可以推测，第 2 章及第 3 章中讨论过的我本人的研究结果，"初级视觉皮层与意识没有关系"也与之有着密切关系。

【专栏 5-5】由神经网络算法和确定性混沌组成的"因果性的网"

现在我们将以确定性混沌*为媒介，对专栏 4-2 提到的"因果性"和"神经网络算法"的关系进行讨论。

首先讲一下什么是确定性混沌。确定性混沌是指尽管完全不存在像掷色子这样的随机因素，但是仍会有毫无章法、不可预期的事件出现的情况。非线性元素结合时，确定性混沌就会出现。

---

* 确定性混沌通常被认为是"某些非线性决定论系统的内在随机性"，是"非线性系统行为对初始条件依赖的敏感性"，如树叶的徐徐飘落、青烟的袅袅上升、人脑的思维活动、生物种群的繁衍等。目前，确定性混沌理论已经成为探索各种复杂行为或现象的重要途径，它的基本特征包括：①确定性；②非线性；③对初始条件依赖的敏感性；④非周期性；⑤分岔与分形性。具体可参考以下两篇论文。

　　黄沛天，刘忠民，徐学翔，马善钧.确定性混沌—启迪新的思维方式.江西师范大学学报（自然科学版），2007，31(1): 66-69.

　　裴留庆.确定性混沌与信息科学.自然杂志.1992，9: 669-673.

简单来说，非线性是指"1+1=2"不成立。由于阈值作用的影响，会出现"1+1+1=0"（不点火）或"1+1+1+1=1"（点火）这样的神经元。这类神经元正是非线性元素的代表。也就是说，非线性元素交织互动的大脑里产生确定性混沌的可能性很大。

出现确定性混沌后，就会发生有趣的事情。就像"蝴蝶效应"一样，神经网络中出现的轻微扰动（和原有的点火模式不一致）受非线性元素的影响，永不消失一直存在，最终其影响会波及整个系统。再考虑之前所说的"因果性"，就可以说神经网络中的所有神经元均受"因果性的网"的影响。

现有的大脑测量技术，还无法捕捉到大脑混沌的全貌。但是已经获得了很多能够推测大脑全貌的观测结果。只看一个神经元的话，输入峰值的时间不规则，不定时的输入会扰乱时间平均点火概率。还有，如果从二维视角观测大脑皮层的几毫米的面积，就会看到神经元输入信息的波动，惊涛骇浪般地涌向四面八方。就算在 V1 中，源于眼球的大脑活动也只有 10%，甚至有推测说剩余的 90% 都是大脑的波动。我的 fMRI 研究结果也表明，这种波动在大脑半球之间被共享。

我认为装有神经网络的神经算法，通过被包容在确定性混沌的因果性网络中，有了达到一体化的可能。

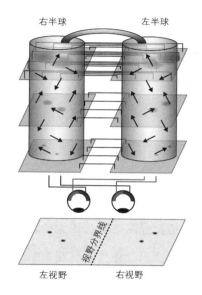

图 5-17 因确定性混沌产生的神经元活动和神经网络算法的一体化

再者，从与托诺尼的信息整合理论的关系来说，即使按照托诺尼等人的定义算不上是"整合过"的信息，在经过由确定性混沌产生覆盖整个系统的"因果性的网"的调节之后，也可以算是有被"整合"（一体化）的可能了。

就现阶段已探明的大脑的信息表现形式来说，上述理解比较符合常理。比如，在信息整合理论中，分别处理颜色或形状的视觉通路（腹侧通路）和处理动作或位置的视觉通路（背部通路）中的视觉信息不能被"整合"的可能性很大。在图 5-2 右侧标有"独立"的图所显示的状况下保持的视觉信息基本上是独立的。

尽管这种情况在被前面提到的"因果性的网"所覆盖后，信息也可以被认为完成了"整合"（一体化）。在这种情况下，神经元的平均输出信息，减去这个输出后的时间动摇成分，形成"因果性的网"。很有意思的是，在托诺尼和埃德尔曼提出的相当于信息整合理论前身的"动态核心学说"中已经包含了确定性混沌的要素。

生成模型的二元论

以上列举了很多把神经网络算法作为意识载体的好处。不论怎样，这个通过了"机器意识：连接大脑左右半球的测试"的想法让人很放心。

结合上述内容，我得出了神经网络算法，特别是生成模型是"意识的自然法则"的客观方面的对象这个论断。

到此为止，主要以视觉为例对生成模型进行了说明。与视觉相同，听觉、触觉等其他感觉通道的生成模型，运动指令的生成模型，还有意识决策或情感的生成模型也可以构建出来。而且如果假设"那种感觉"（感受质）是根据各个生成模型的生成过程而产生出来的话，就可以全方位地解读我们的意识了。

最后，模仿查默斯，我想把"生成模型的二元论"归纳为："生成模型具有通过生成过程等进行信息处理的客观的一面，也有通过生成过程产生感觉意识体验的主观的一面。"

大脑的意识和机器的意识

向机器移植的意识

关于寄存在机器里的意识的真伪，很多科学家认为严肃讨论这个问题毫无意义。如果只是制造"有意识的机器"的话，那实际上有没有意识存在，都没有太大的关系。因为只从外部观测是无法分辨的，所以只要使机器表现出具有意识一样的行为就足够了。

但是，如果想把人的意识移植到机器中，那就不一样了。机器的意识是没有办法一下子解决的。

那么，意识的机器移植在不久的将来可能实现吗？谷歌技术开发部门主管雷蒙德·库兹韦尔（Raymond Kurzweil）若有所指地预言：21世纪后期可以实现意识的机器移植。

在最后一章，我把意识的机器移植分成"大脑和机器的意识"以及"向机器移植意识"两个部分，对这项技术进行讨论。

首先，关于"大脑和机器的意识"，先看两个必要的技术要素。

第一个不必多说，就是直接与大脑连接的机器。第二个是连接机器和大脑的脑机接口。接下来就让我们按顺序来看看这两个要素。

机器的意识的展望

预测具有意识的机器的可实现性，可不是件容易的事。如果遵循查默斯"信息二元论"的假说，这样的机器早就存在了。连月球背面的石块都被认为有意识，对于可以识别人脸的照相机来说，肯定有意识。

话虽如此，可不得不说这种可能性几乎为零。想要寻求机器的意识，更安全的做法是尽可能地满足不同的假说。在做到这一点后，制造无限接近具有意识的机器就比较稳妥了。

假设查默斯的"感受质衰减"是正确的，那么在精准仿制了大脑的机器里，就会有意识存在。在这个情况下要做的事，就是做出人造神经元，并且使其同时发生相互作用。

事实上，从 20 世纪 80 年代开始，把人工神经网络装在半导体上，制作被称为"神经形态芯片"的尝试持续存在。

2014 年夏天，IBM 公司成功开发出具有百万个神经元、两亿个神经突触的半导体"TrueNorth"。这项研究也登上了《科学》杂志的封面（图 6-1）。百万个神经元相当于蟑螂的中枢神经的规模，接近小白鼠大脑的七千万神经元。

图 6-1　登上了《科学》杂志封面的 IBM 公司开发的
神经形态芯片 "TrueNorth"

　　但是，神经形态芯片的神经元数暗藏玄机。以 TrueNorth 为例，其中实际存在 4096 个内核，每一个内核有 256 个神经元，相互交替地进行计算。也就是说，只看一瞬间的话，其实只有 4096 个神经元而已。

　　还有一点，关于神经形态芯片，要注意的是每个神经元的计算精度。现在，取得巨大进步的神经形态芯片的研发趋势，是将各个神经元进行简化。这样，神经元的精度就不能满足"和大脑神经元调换后不会对剩余神经元产生影响"这个条件了。

　　但是，这些局限是没有办法的事情。研制神经形态芯片，仅仅是为了以极低的功耗装载大规模人工神经网络，机器的意识之类的事，并不是重点。想要得到具有意识的芯片，首先科学家需要得出有说服力的成果或者理论。

　　也正因为如此，我把赌注压在电子虚拟感受质上。如果这个事情成功了，以冯·诺伊曼架构计算机模拟的人工神经网络中，就有意识寄存于其中了。

在这种情况下，和第 4 章论述的一样，能与人脑匹敌的技术都已经实现了。此外，从原理上来看，关于各个神经元的模拟精度，也可以无限接近生物体的神经元。我期待 CPU 高速化技术的进步，可以悄然融入冯·诺伊曼架构计算机中，使虚拟神经网络有朝一日能达到电子虚拟感受质的要求。

侵入式脑机接口的展望

接下来，让我们简单了解一下连接大脑与机器的脑机接口的发展。

无论意识的源头是"信息"还是"神经算法"，为了连接机器和大脑，神经元层面上的信号交换是必不可少的。因此，我们需要用到的不是以脑电装置或 TMS 为代表的非植入式接口，而是植入式的接口。

2017 年，美国国防部高级研究计划局（DARPA）宣布开展"神经工程系统设计"（NESD）项目。旨在研发一种能在大脑与数字世界之间实现精准通信的植入式系统。采用的具体方法是把比一粒食盐还小的装置埋入大脑皮层，或者把直径只有头发十分之一的微细电极插入大脑中（图 6-2）。

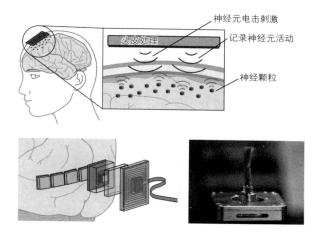

神经元电击刺激
记录神经元活动
神经颗粒

图 6-2 一次监测 100 万个神经元的电化学信号的植入式脑机接口

上图是由美国布朗大学的科学家研制的神经颗粒（neuro grain），下图是美国
Paradromics 公司研发的微细电线。

前一种方法是全新的技术，其全貌还不为人所知。而后一种使
用微细电极的方法，先不论其规模有多大，已经获得了很多研究成
果。在后文将要介绍的实验中，我也用了这种方法，切身体会到这
种方法对构建稳定的脑机接口极为适合。

为了构建稳定的脑机接口，长时间地记录、刺激同一个神经元
是不可缺少的。做此事虽然有窍门，但重要的还是抑制电极活动和
防止电极上附着不必要的脑组织。

电极如果在大脑里活动，就会损伤大脑。其结果就是无法进行
稳定的电刺激从而得到稳定的记录。电极如果刺破了血管，神经元
就会因为出血而死亡。即使神经元不受损伤，也会因为脑脊液的特
性变化而抑制神经元电脉冲的发放。植入电极的最大障碍，就是大

脑像豆腐一样，没有可以固定的地方，大脑在头盖骨中摇动，电极就会在大脑中摇动。

另一方面，关于电极附着脑组织的问题，是指电极插入大脑会使电极的电子特性发生变化，无法正常识别神经元电脉冲的发放的现象。且电极的面积越大，越容易出问题。

微细电极可以把这两个不利因素的影响降低到最小。因为电极本身又细又软，所以可以随大脑的运动而调整形状，减少电极在脑中的活动。也因为它很细，所以脑组织也不容易附着其上。实际上，有报告称使用微细电极，对大量神经元进行了持续多年的测量。

反倒是 DARPA 的研究项目，与其说是研究电极本身的特性，不如说是研究如何把埋在大脑中大量的微细电极连接到机器上以增强其信号。

有一个方案是把 CMOS 芯片（类似于数码相机的传感器）连接在一捆微细电极上，直接增强其信号。

下面，让我们仔细看看这个方案。

假设按 DARPA 的研究项目那样，完成了对百万个神经元的同时记录和同时刺激。那么，大脑的意识和机器的意识被连接在一起的可能性有多大呢？

如果你记得第 4 章的内容，就肯定能明白：想统合寄存于大脑左右半球的意识，起关键作用的是高级脑区之间的神经连接。同样的道理，高级脑区间的接口对于连接大脑的意识和机器的意识起关键作用的可能性也很大。关于这一点，有一个意味深长的发现。

在第 4 章我们提到过对重度癫痫患者实施的手术。有一段时间，人们为了减轻术后症状，采用了各种各样的方法。其中，有多个报告显示，在连接大脑两个半球的 3 个神经束中，仅保留前连合不将其切断的话，割裂脑的现象是不会出现的。

如图 4-12 所示，与胼胝体相比，前连合的神经束的数量极少，即使是人类，也不过 2000 万 ~3000 万个。顺便提一句，人们已经知道前连合以独特的方式连接高级脑区。

也就是说，如果机器意识和大脑意识的接口，能和前连合具有同等规模并且能把高级区域连接在一起的话，就能够成功。这样看来，完成 DARPA 的目标后，相当于已经完成了总体目标的近二十分之一，发展前景一片光明。

脑机连接实验的准备：动物实验

当机器足够"智能"、脑机接口已经成熟，我们就能亲身体验机器的意识了。因为最终只有人类才能判断机器是否有意识。

当然，到达这一步之前，还有很多事情要做。现阶段有两个进展迅猛的实验：割裂脑老鼠的重新连接实验和脑机连接实验。

第一个实验用到了前面提到的微细电极。之前大多以大型动物作为实验对象，现在微细电极已经可以匹配老鼠的头骨和大脑了。

之所以要将割裂的两个大脑半球重新连接起来，是为了观察信息如何在两个大脑半球间传递。而且，精准地控制、操作这些信息，也是件很有吸引力的事情。

顺便说一下，这个实验的目的，是为了探究大脑两半球的意识通过连合纤维被整合在一起的机制。因此，应首先找到一种方法来确认意识已被整合在一起。

目前，我们正在进行的研究是如图 6-3 所示的左右视野的比较研究。虽然可以将这个研究看作斯佩里割裂脑实验的"老鼠版"，但两者的研究目的却正相反。斯佩里割裂脑实验证明了分离的两个大脑半球具有两个独立的意识；"老鼠版"实验想要证明的是通过重新连接大脑两半球，两个独立意识可以被整合到一起。

图 6-3 所示实验任务为：判断随机显示的多个圆点在左、右视野中是否对称。已有研究证实，大脑完好无损的老鼠可以完成这个实验任务。

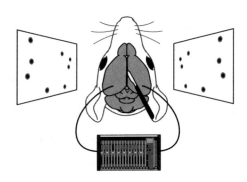

图 6-3　我正在做的小白鼠的割裂脑重新连接实验

我认为双视野比较研究和割裂脑重新连接实验的结合，为检验与意识的自然法则密切相关的各种假说提供了方法和途径。如前所述，割裂脑重新连接的好处在于可以对大脑半球间的相互作用加以操纵。使用这个不寻常的方法，能够精准操控每一条神经纤维。具体来说，在尽量保证大脑半球间信息交互的同时，通过巧妙地改变各个神经元发放电脉冲的时间点，达到对神经网络算法一体性进行解析的目的。

　　在第二个实验中，即割裂脑老鼠的脑机连接实验，老鼠的一侧大脑与机器相连（图 6-4）。这个实验成功的关键是确保机器大脑的人工神经网络的性能。

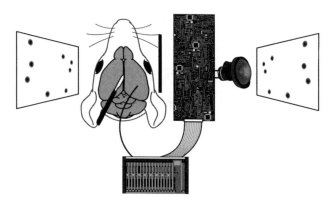

图 6-4　我正在做的割裂脑小白鼠的脑机连接实验

　　直接将视觉信息输入一侧机器大脑（人工神经网络）是一件很简单的事，重要的是机器和大脑半球间的信息交换。在第 5 章里引入的多层级生成模型便是一个备选。通过脑机接口连接在一起的机器和大脑半球，如果能够共享高级视觉区的符号表征，那么两者就有可能依照神经网络算法被整合在一起。

　　在此基础上，如果能够得到小白鼠左、右视野比较的实验结果，

就能获得神经网络算法假说的旁证。再进一步说，我们可以最大化
地利用机器大脑半球的特点实现我们的实验目的，比如停止计算生
成误差，或者停止更新由生成误差产生的高级符号表征。还有就是，
比如参照托诺尼的假说，向机器大脑半球施加其他操作，检验意识
的自然法则的大体框架，也是通过最大化利用机器大脑半球的特点
而实现的。

需要注意的一点是，割裂脑的重新连接也好，脑机连接实验也
罢，只能有限地验证意识的自然法则。就算小白鼠能够完成左、右
视野比较的实验任务，也不能保证感觉意识体验一定存在于其中，
就像第 1 章盲视的例子一样。

但是，实际上，以猴子为研究对象的盲视实验结果表明，在不
伴随感觉意识体验的情况下，任务的完成率大幅下降。还有一些在
没有外界视觉刺激（不需要眼球运动）的情况下，产生视觉主观体
验的实验，比如通过 TMS 刺激产生的光幻觉，这些研究也在蓬勃发
展。如果能够很好地利用这些实验方法的特点，即便意识研究仍会
存在局限性，但却能够提高其作为一项科学实验而成立的可能性。

另一个问题

要想将大脑的意识和机器的意识相连，其实还有一个问题：即
使机器有意识，也无法保证机器的意识一定能和人类的意识整合在

一起而成为一体（意识的一体化）。这是为什么？

对于这一问题，已有人提出"使用计算机模拟完整的人类大脑"这一听上去极具野心的研究项目。这就是由瑞士科学家提出的"蓝脑计划"（Blue Brain Project）。这个项目的目标，一开始是在超级计算机上模拟大脑中某一区域的功能，后来变成了完整复制人类大脑。虽然成功与否还是未知数，但这个项目确实正朝着既定目标对大脑进行严密的探测。

在这里，我们假设"蓝脑计划"实现了预期目标，能够将复杂程度可以与人脑匹敌、满足感受质数字化衰减的人工神经网络装载到计算机上。

在这个假设的基础上，再进一步假设胼胝体、前连合和后连合等连接两个大脑半球的神经纤维都被成功复制了出来。接下来请想象一下，将人工神经网络视作机器大脑，与我的大脑左半球相连。

我会感受到机器的视野吗？机器脑和人脑半球相连的状态似乎等同于感受质数字化衰减的中间阶段。它是指把神经元导入计算机从右侧大脑半球开始，正好达到一半容量时终止的状态。这样来看，大脑和机器的意识一体化也不是一件不可思议的事。

但是，这就漏掉了一件事。事先准备好机器脑半球，并把它与人脑连接起来的状态，其实并不等同于感受质数字化衰减的中间阶段。每一个神经元都与其他神经元有连接，把这样的连接再在一个一个的神经元上全部再现出来，是一个想想就头疼的大工程，而我们把这个大工程忘记了。

简单地说就是这个复制出来的新的机器大脑半球和我原来的右侧大脑半球并非完全一致，最多只能算是个"平均水平"的作品。

那么，这个"平均水平"的机器大脑半球的意识和我的意识能否成为一体呢？

关于这个问题，我们必须得说，人类的一侧大脑半球是无法完全掌控另一侧大脑半球的复杂的神经回路网的，从一侧大脑半球向另一侧大脑半球传输的，只是神经活动而已，并不是这一侧大脑半球的全部信息。能够同时接触到两侧大脑半球的，只有胼胝体和前连合的一小部分。对于前连合来说，在一侧大脑半球中只能观测到另一侧大脑半球神经元总量的 0.02%。

即便如此，两个大脑半球的意识也能整合在一起而成为一体。要是这么想的话，事先准备好的机器脑半球的意识，被整合的可能性也是很高的。

有一个不同点是，人类大脑的左半球和右半球从胎儿期就是连在一起的。即便如此，机器脑的优势是可以分析人类大脑的特性，并根据所得信息把自己打造、调制成能够高度适应人类大脑活动的"智能脑"。还有就是，随着机器脑与人类大脑长时间地连接在一起，人类大脑可能也会反过来去适应机器脑的活动。

在考虑机器和人类大脑相连的问题时，另一个重要方面是连接的程度。机器脑在各个神经元间的神经连接的层面上，与人类大脑并不完全一致。但是，在神经网络算法的层面上，机器脑遵循人脑的运算规则。如果把机器脑和人脑看作两张纸，构成纸张的一个个分子在排列层面（神经元间的连接）上是完全不一样的，但是在两张纸上画的画（神经网络算法）是一致的。

如果能在神经网络算法的层面上，将大脑和机器相连的话，那么在神经网络算法中的大脑和机器的意识，也一定能被连接在一起。这样想的话，比如像宣纸（人脑）和草纸（机器），虽然纸的材质有区别，但跨越这样的区别，意识相连接的可能性还是有的。

当我的一侧大脑半球与机器相连时，机器大脑会进化到什么程度呢？

拿《风之谷》来做比喻，我可不想要还未成型就被派上战场的巨神兵那样的东西。到那时，我是会大叫"竟然烂掉了"，还是会让机器大脑半球视野的感受质搞得晕头转向呢？我很期待数十年后的新闻报道。

【专栏6-1】再谈意识的自然法则

假设存在意识的自然法则，那么它很有可能自宇宙诞生之日起就已经存在了。从自然法则的存在形式的角度来考虑，很难想象自然法则是随着在广阔宇宙中的某一处诞生的生命的进化而降临的。那样的话，意识的自然法则就不是为我们人类的中枢神经系统量身定做的了。

那么，包括神经网络算法假说的一般形式的意识的自然法则是怎样的呢？

作为神经网络算法的生成模型被看作感知世界的镜子。不只是事物的形状，事物间的因果关系也可感知到。那么，在进行感知时，会不会伴随感觉意识体验呢？

我们人类有视觉、听觉、触觉等感知精确度很高且非常丰富的感觉意识体验。而在嗅觉方面，毫无疑问，狗比人类的感觉意识体验更敏感、更鲜明。

此外，这种感知并非仅指向外界世界。我们自己的骨骼、肌肉、内脏等对大脑来说也是"外界世界"，即需要感知的对象，这样我们才会产生身体感觉或内脏感觉。

进一步来看，对于承担意识功能的大脑来说，大脑的一部分处理相当于被感知到的外部世界。第3章中提到的选择性盲视，在不被意识察觉的地方进行。如果这个过程被意识感知到，那么作为意识的根基的自由意志可能就会出错。

言归正传。我认为，意识的自然法则的一般形式，就存在于这个"感知"过程中。当感知到某种因果关系时，即便我们的中枢神经系统换了一种形式，事物的感觉意识体验，即感受质就不出现了吗？

这么想的话，智能汽车中意识已经存在。因为它通过各个传感器收集到的信息，感知外部世界的因果关系，做出如躲避障碍物等自发"行为"。

在机器中苏醒的时候

假设制造出了有意识的机器，并与人类的意识相连。以此为基础再进一步，把人类的意识移植到机器中，需要什么？

机器中的感觉意识体验是保证会出现的。也就是说，不是属于某个人的，中立的意识已经存在于机器里了。为了把这个意识归为己有，换句话说为了在机器里苏醒后安心地觉得"啊，移植成功了！"有什么事情是必须要做的呢？

反过来说，早上一觉醒来时，我确信"我还是我"，这是如何做到的？睡觉时，除了做梦的时间以外，意识是完全消失的。也就是说，从意识的连续性的角度来考虑的话，昨天的"我"和今天的"我"是不一样的。

但即使是这样，我还是确信"我还是我"是因为我有广义上的记忆。从昨天的晚饭菜单到儿时的回忆，"我知道我从何处来"从而确认了自身的存在。

还有已经学会的各种技能，比如外语、体育项目、演奏乐器等，也是确认自身没有变化，"我还是我"的佐证。

另外，判断情况或意识决定的倾向性等，也是确认自身的重要因素。假设如李贝特的实验显示，人就算想拥有意识基础的自由意志，无意识的判断或无意识的意识决定中，也有因人而异的特征。意识后知后觉地做出解释的时候，如果对照自身的记忆做出的，都是很随意的判断或决定的话，那就会失去人的自我同一性。

即使只把这种广义上的记忆移植一部分到机器中，当我在机器中苏醒时，也不会搞不清楚我是谁。

把意识移植到机器里

把意识移植到机器里，换句话说就是，把广义上的记忆移植到机器里，需要花时间精心调理，并不是像好莱坞电影那样。在电影《超验骇客》里，约翰尼·德普扮演的主人公遭到恐怖分子枪击，在其生命奄奄一息之时，他的意识被移植到大型计算机中。在詹姆斯·卡梅隆导演的《阿凡达》的最后一幕中，主人公的意识被移植到"灵魂之树"上。这两个电影场景展现的都是使用非侵入性的装置在短短几分钟里，意识就被读取、移植的场景。

但是，我们应该知道的是，像这类电影中描写的在短时间内完成的意识移植是不可能的。

那么，如果我们想把意识移植到机器里，该怎么做呢？

首先，要把机器的意识和大脑的意识连接起来。这是个会耗费大量时间、慢工出细活的过程。要把机器大脑半球和人类大脑半球相连，而且还要长时间地连接在一起。如果两者能顺利对接的话，两者的意识就一定会成为一体。这个过程有可能要花费几个月的时间，也有可能需要 5 年、10 年或更长的时间。

完成这个过程后，如果能产生横跨机器和人类大脑半球的感觉意识体验，最大的难关——意识的困难问题——就被攻克了。剩下的就是从大脑向机器复制广义的记忆，这是一个简单问题。

但是，哲学上的简单问题，跟技术上的简单问题是两码事。人类大脑中有上千亿个神经细胞挤在一起，存储在脑中的信息，取决于数量多达上千万亿个神经细胞间连接（突触）的微妙变化。广义的记忆和大脑那复杂、庞大、细致入微的生理构造完全融合为一体。这正是"记忆存在于细节中"。

轻描淡写地扫描大脑是不可能把这样的记忆存储到机器里的。使用现有的技术，虽然也不是不可能测量出神经细胞间的连接关系，但是需要开颅后将特殊显微镜连接到大脑皮层上，哪怕是读取上千万亿个突触连接中的一个也需要几十分钟的时间。将来，无论这种侵入性的方法怎么发展，我都无法想象在短时间内复制记忆的现象。而且我可以断言，电影中展现的那种非侵入性的大脑计量装置是绝对不可能出现的。

有一个可能性是，在大脑和机器相连的那段时间里，所体验到的事物被储存在大脑和机器里，被二者共享。本书中虽然没有做出说明，但我们大脑里存在独特的记忆储存机制，而且这种机制会随着记忆的种类不同而不同。

比如昨天的晚饭和吃晚饭时说的话，这样的记忆被称作情景记忆（episodic memory），被一时性地存储在大脑中一个叫海马（hippocampus）的地方。然后在晚上睡觉时，这一情景记忆实际发生的场景，连同存储在海马里的信息会被大脑皮层再现。通过重复这个过程（赫布学习律，Hebbian learning law），记忆会转移到大脑皮层上。按照同样的原理将记忆编入机器中，并使大脑半球与机器保持同步更新，人类大脑和机器大脑共享同一情景记忆并非完全是痴人说梦。

更困难的操作应该是把连接机器之前的大脑中储存的记忆移植到机器中。有把握做到此事的对象，只有沉浸在过去的记忆里或者正在做梦的大脑活动。如果在这种情况下，记忆能够在大脑和机器间共享的话，或许我们就能开始尝试一点一点地将过去的记忆移植到机器中。

最后，我想向和我一样对人工智能未来发展趋势这个未知之旅有兴趣的读者说一句话。我所讲述的意识的移植过程有一个明显的特征。那就是大脑一直是有生命力的（活着的），可以确认意识移植过程中可能发生的变化。把大脑和机器的连接切断，几天后再重新连接上，如果能够回想起在连接被切断的那段时间里，机器脑中发生的事情，那么机器里的我们的意识就是安全的。

倘若真能如此，当我的大脑寿终正寝之时，我的意识还会在机器中长久的存在。

主要参考文献

Blake, R. and N. Logothetis (2002). "Visual competition." Nat Rev Neurosci 3(1): 13-21.

Blakemore, C. and G. F. Cooper (1970). "Development of the brain depends on the visual environment." Nature 228(5270): 477-478.

Chalmers, D. J. (1995). "Absent qualia, fading qualia, dancing qualia." In Conscious Experience, ed. T. Metzinger (Paderborn/Thorverton: Schöningh/Imprint Academic).

Chalmers, D. J. (1996). The conscious mind: In search of a fundamental theory. New York: Oxford University Press.

Cowey, A. (2005). "The Ferrier Lecture 2004 what can transcranial magnetic stimulation tell us about how the brain works?" Philos Trans R Soc Lond B Biol Sci 360(1458): 1185-1205.

Cowey, A. and P. Stoerig (1991). "The neurobiology of blindsight." Trends Neurosci 14(4): 140-145.

Crick F. and C. Koch (1990). "Towards a neurobiological theory of consciousness." Seminars in the Neurosciences Vol 2, 263-275.

Crick, F. and C. Koch (1995). "Are we aware of neural activity in primary visual cortex?" Nature 375(6527): 121-123.

Džaja, D., A. Hladnik, I. Bičanić, M. Baković and Z. Petanjek (2014). "Neocortical calretinin neurons in primates: increase in proportion and microcircuitry structure." Front Neuroanat 8: 103.

Edelman, G. M. and G. Tononi (2000). A universe of consciousness: How matter becomes imagination. Allen Lane

Florin, E., M. Watanabe and N. K. Logothetis (2015). "The role of subsecond neural events in spontaneous brain activity." Curr Opin Neurobiol 32: 24-30.

Fujita, I., K. Tanaka, M. Ito and K. Cheng (1992). "Columns for visual features of objects in monkey inferotemporal cortex." Nature 360(6402): 343-346.

Gazzaniga, M. S., J. E. Bogen and R. W. Sperry (1962). "Some functional effects of sectioning the cerebral commissures in man." Proc Natl Acad Sci USA 48(10): 1765-1769.

Geldard, F. A. and C. E. Sherrick (1972). "The cutaneous 'rabbit': a perceptual illusion." Science 178(4057): 178-179.

Gross, C. G., H. R. Rodman, P. M. Gochin and M. Colombo (1993). "Inferior temporal cortex as a pattern recognition device." In Computational Learning and Cognition: Proceedings of the Third NEC Research Symposium. Edited by Baum E. : 44-73. SIAM, Philadelphia, USA.

Hodgkin, A. L. and A. F. Huxley (1939). "Action potentials recorded from inside a nerve fibre." Nature 144(3651): 710–711.

Hodgkin, A. L. and A. F. Huxley (1952). "A quantitative description of membrane current and its application to conduction and excitation in nerve." J Physiol 117(4): 500-544.

Hubel, D. H. and T. N. Wiesel (1959). "Receptive fields of single neurones in the cat's striate cortex." J Physiol 148(3): 574-591.

Hubel, D. H. and T. N. Wiesel (1962). "Receptive fields, binocular interaction and functional architecture in the cat's visual cortex." J Physiol 160(1): 106-154.

Jiang, Y., A. Lee, J. Chen, V. Ruta, M. Cadene, B. T. Chait and R. MacKinnon (2003). "X-ray structure of a voltage-dependent K+ channel." Nature 423(6935): 33-41.

Johansson, P., L. Hall, S. Sikström and A. Olsson (2005). "Failure to detect mismatches between intention and outcome in a simple decision task." Science 310(5745): 116-119.

Kamitani, Y. and S. Shimojo (1999). "Manifestation of scotomas created by transcranial magnetic stimulation of human visual cortex." Nat Neurosci 2(8): 767-771.

Kanai, R. and M. Watanabe (2006). "Visual onset expands subjective time." Percept Psychophys 68(7): 1113-1123.

Kastner, S., M. A. Pinsk, P. De Weerd, R. Desimone and L. G. Ungerleider (1999). "Increased activity in human visual cortex during directed attention in the absence of visual stimulation." Neuron 22(4): 751-761.

Kawato, M., H. Hayakawa and T. Inui (1993). "A forward-inverse optics model of reciprocal connections between visual cortical areas." Network: Computation in Neural Systems 4(4): 415-422.

Koch, C. (2004). The Quest for Consciousness: A Neurobiological Approach. Roberts & Co., Englwood, Colorado, USA.

Koch, C. and N. Tsuchiya (2007). "Attention and consciousness: two distinct brain processes." Trends Cogn Sci 11(1): 16-22.

Kuffler, S. W. (1953). "Discharge patterns and functional organization of mammalian retina." J Neurophysiol 16(1): 37-68.

Lamme, V. A. F. and P. R. Roelfsema (2000), "The distinct modes of vision offered by feedforward and recurrent processing", Trends in Neurosciences. 23(11): 571-579.

Leopold, D. A. and N. K. Logothetis (1996). "Activity changes in early visual cortex reflect monkeys percepts during binocular rivalry." Nature 379(6565): 549-553.

Libet, B. (2004). Mind Time: The temporal factor in consciousness. Cambridge MA: Harvard University Press.

Loewi, O. (1908). "Über eine neue Funktion des Pankreas und ihre Beziehung zum Diabetes melitus." Archiv für experimentelle Pathologie und Pharma- kologie. 59 (1): 83-94.

Logothetis, N. K. (1998). "Single units and conscious vision." Philos Trans R Soc Lond B Biol Sci 353(1377): 1801-1818.

Logothetis, N. K., J. Pauls, M. Augath, T. Trinath and A. Oeltermann (2001). "Neurophysiological investigation of the basis of the fMRI signal." Nature 412(6843): 150-157.

Ma, L. Q, K. Xu, T. T. Wong, B. Y. Jiang and S. M. Hu (2013). "Change blindness images." IEEE Trans Vis Comput Graph 19(11): 1808-1819

Maier, A., N. K. Logothetis and D. A. Leopold (2007). "Context-dependent perceptual modulation of single neurons in primate visual cortex." Proc Natl Acad Sci US A 104(13): 5620-5625.

Maier, A., M. Wilke, C. Aura, C. Zhu, F. Q. Ye and D. A. Leopold (2008). "Divergence of fMRI and neural signals in V1 during perceptual suppres- sion in the awake monkey." Nat Neurosci 11(10): 1193-1200.

Majima, K., P. Sukhanov, T. Horikawa and Y. Kamitani (2017). "Position Information Encoded by Population Activity in Hierarchical Visual Areas." eNeuro 4(2).

Maruya, K., H. Watanabe and M. Watanabe (2008). "Adaptation to invisible motion results in low-level but not high-level aftereffects." J Vis 8(11): 7, 1-11.

Mumford, D. (1992). "On the computational architecture of the neocortex. II. The role of cortico-cortical loops." Biol Cybern 66(3): 241-251.

Otten, M., Y. Pinto, C. L. E. Paffen, A. K. Seth and R. Kanai (2017). "The Uniformity Illusion." Psychol Sci 28(1): 56-68.

Pandya, D. N., E. A. Karol and D. Heilbronn (1971). "The topographical distribution of interhemispheric projections in the corpus callosum of the rhesus monkey." Brain Res 32(1): 31-43.

Pascual-Leone, A. and V. Walsh (2001). "Fast backprojections from the motion to the primary visual area necessary for visual awareness." Science 292(5516): 510-512.

Peters, A. (2007). "Golgi, Cajal, and the fine structure of the nervous system." Brain

Res Rev 55(2): 256-263.

Pitzalis, S., C. Galletti, R. S. Huang, F. Patria, G. Committeri, G. Galati, P. Fattori and M. I. Sereno (2006). "Wide-field retinotopy defines human cortical visual area V6." J Neurosci 26(30): 7962-7973.

Radford, A., L. Metz and S. Chintala (2016). "Unsupervised representation learning with deep convolutional generative adversarial networks." ICLR.

Ramachandran, V. S. and S. Blakeslee (1998). Phantoms in the brain. William Morrow.

Rao, R. P. and D. H. Ballard (1999). "Predictive coding in the visual cortex: a functional interpretation of some extra-classical receptive-field effects." Nat Neurosci 2(1): 79-87.

Revonsuo, A. (1995). "Consciousness, dreams and virtual realities." Philosophical Psychology 8(1): 35-58.

Risse, G. L., J. LeDoux, S. P. Springer, D. H. Wilson and M. S. Gazzaniga (1978). "The anterior commissure in man: functional variation in a multisensory system." Neuropsychologia 16(1): 23-31.

Rorschach, H. (1921). Psychodiagnostik. Methodik und Ergebnisse eines wahrnehmungsdiagnostischen Experiments. (Deutenlassen von Zufallsformen), Ernst Bircher, Bern

Schwiening, C. J. (2012). "A brief historical perspective: Hodgkin and Huxley." J Physiol 590(11): 2571-2575.

Tajima, S. and M. Watanabe (2011). "Acquisition of nonlinear forward optics in generative models: two-stage 'downside-up' learning for occluded vision." Neural Netw 24(2): 148-158.

Tanaka, K. (1996). "Inferotemporal cortex and object vision." Annu Rev Neurosci 19: 109-139.

Tong, F. and S. A. Engel (2001). "Interocular rivalry revealed in the human cortical blind-spot representation." Nature 411(6834): 195-199.

Tononi G. (2012). Phi: A Voyage from the Brain to the Soul. New York: Pantheon Books

Tononi, G. ánd G. M. Edelman (1998). "Consciousness and complexity." Science 282(5395): 1846-1851.

Tootell, R. B., E. Switkes, M. S. Silverman and S. L. Hamilton (1988). "Functional anatomy of macaque striate cortex. II. Retinotopic organization." J Neurosci 8(5): 1531-1568.

Tsuchiya, N. and C. Koch (2005). "Continuous flash suppression reduces negative afterimages." Nat Neurosci 8(8): 1096-1101.

Wang, L., X. Weng and S. He (2012). "Perceptual grouping without awareness: superiority of Kanizsa triangle in breaking interocular suppression" PLOS One 7(6): e40106.

Watanabe, M. and K. Aihara (1997). "Chaos in Neural Networks Composed of Coincidence Detector Neurons." Neural Netw 10(8): 1353-1359.

Watanabe, M., K. Nakanishi and K. Aihara (2001). "Solving the binding problem of the brain with bi-directional functional connectivity." Neural Netw 14(4-5): 395-406.

Watanabe, M., A. Bartels, J. H. Macke, Y. Murayama and N. K. Logothetis (2013). "Temporal jitter of the BOLD signal reveals a reliable initial dip and improved spatial resolution." Curr Biol 23(21): 2146-2150.

Watanabe, M., K. Cheng, Y. Murayama, K. Ueno, T. Asamizuya, K. Tanaka and N. Logothetis (2011). "Attention but not awareness modulates the BOLD signal in the human V1 during binocular suppression." Science 334(6057): 829-831.

Watanabe, M., S. Shinohara and S. Shimojo (2011). "Mirror adaptation in sensory-motor simultaneity." PLOS One 6(12): e28080.

Watanabe, M. (2014). "A Turing test for visual qualia: an experimental method to test various hypotheses on consciousness." Talk presented at Towards a Science of Consciousness 21-26 April 2014, Tucson: online abstract 124

Watanabe, M. (2014). "Turing test for machine consciousness and the chaotic spatiotemporal fluctuation hypothesis." UC Berkeley Redwood Center for Theoretical Neuroscience. (https://archive.org/details/ Redwood_Center_2014_04_30_Masataka_Watanabe)

Wu, D. A., R. Kanai and S. Shimojo (2004). "Vision: steady-state misbinding of colour and motion." Nature 429(6989): 262.

Zipser, D. and R. A. Andersen (1988). "A back-propagation programmed network that simulates response properties of a subset of posterior parietal neurons." Nature 331(6158): 679-684.

渡辺正峰 (2008)「視覚的意識」『理工学系からの脳科学入門』合原一幸、神崎亮平編、東京大学出版会

渡辺正峰 (2010)「意識」『イラストレクチャー認知神経科学——心理字と脳科学が解くこころの仕組み』村上郁也編、オーム社

渡辺正峰 (2014)「視覚的意識と大脳皮質——二つの脳半球と一つの意識」Clinical Neuroscience, 8 月号 : 869-872

后记

"如果我能看得更远，那是因为我站在了巨人的肩膀上。"

这是牛顿在写给胡克的信中的一句名言。对于性格傲慢的牛顿来说，这句话罕见地谦卑。"巨人的肩膀"指的是前人一点一滴积累起来的科学知识的高台。牛顿这样说是在谦虚地表示自己之所以能在科学领域有如此重大的发现，是因为借鉴了前人的成果。

我在写这本书的时候，深切体会到今天的脑科学研究领域的发展也是站在了"巨人的肩膀"上。对于在 20 世纪 90 年代中期进入这个领域的我来说，简直无法想象没有卡哈尔提出的突触间隙、霍奇金和赫胥黎详细论述的电脉冲、勒维探明的神经递质、胡贝尔和维泽尔观测到的神经元的刺激应答特性等知识的脑科学领域会是什么样。

按照这一思路，在不远的未来，本书大肆宣扬"好难啊，解不开呀"的意识难题可能会找到解决的办法。我在写这本书时，这个念头便逐渐在脑海里蔓延开来。

这次，我有幸得到"写一本关于意识的科普书"的机会，同时也给了我构思科研论文的契机。我的那些笼统的想法随着一点一点地汇聚成文而变得明确，逐渐明朗的思路引导我的思考方向一步一步地向前。

老实说，刚开始写作时没打算把这本书写得如此"激进"，我最初的计划是稳稳当当地写完即可。但是，我越写越感到"说不定，这么干也行得通吧"。

我感到十分抱歉，最终呈现给读者的是一本看似是科普读物又不像是科普读物的书。我想先请读者原谅我的"胡言乱语"，如果读者可以感受到藏在"胡言乱语"背后的意识科学的深奥之处，我会感到十分欣慰的。

总而言之，读者如果能感受到意识科学的"wonder"（用日文"惊叹"有些不适合），看到意识科学的微光的话，那就没有比这更高兴的事了。

我能遇到我的恩师近藤俊介教授、古田一雄教授、合原一幸教授、藤井宏教授、塚田稔教授、彦坂兴秀教授、坂上雅道教授、下条信辅教授、田中启治教授、程康博士、尼克斯教授，对于作为研究者的我来说是一笔不可代替的财富，在此深表谢意。

除此之外，我对年纪虽比我小但是在意识科学这个领域里算是我的前辈的金井良太、土谷尚嗣、戴安·吴等人，也由衷地表示感谢。在美国加利福尼亚的晴空下，如果没有三位给予我的引导和启发（initiation，指引我进入意识的研究领域），我就无从了解意识科学的奇妙。

非常感激十分耐心地陪伴、等待我异常缓慢且笨拙的写作的中央公论新社的编辑上林达也先生。上林先生不仅传授我科普读物的写作心得，还不时提出中肯的修改建议。多亏上林先生的大力帮助，我才能完成这本书的写作。

我还要感谢我的高中（东京都立田町高中）同学、插画家依仪友子。她帮我画的插图贴合原文，反复绘制、修改，最终得以清楚地展现大脑某一区域的构造。

对于 DTP 操作员市川真树子女士在校对工作即将结束的休息时间也不得不去工作这件事，我感到十分抱歉，同时也对她认真、负责的校对工作表示感谢。

衷心感谢我的妻子梓允许我在撰写这本书上投入大量的时间和精力，并且在马上要交稿子的紧急时刻帮我做编辑工作，照顾我的日常起居，还在精神上给予我大力支持。

深深感谢在写作本书时，给了我大量宝贵意见的朋友们，以及指出书稿中的错误的两位校对老师。

最后，程康博士和田岛觉弘是我在研究上的好伙伴，我很期待本书写完后能拿给他们看。但是非常遗憾的是，他们在本书写作期间突然离世了，在此致以深深的悼念之情。

渡边正峰

2017 年 10 月